普通高等教育电气信息类“十三五”规划教材

电工电子学实验

第二版

姜学勤　高德欣　王逸隆　编

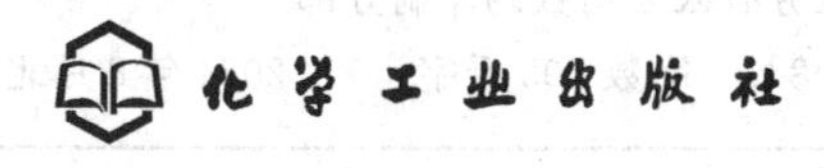

·北京·

本书针对高等院校非电类专业电工电子学课程所涉及的内容，编写了包括直流、交流、三相电路、电动机的控制、动态电路及模拟电子技术和数字电子技术等相关实验。

本书依据教学体系，内容由浅入深地进行安排，精选了22个基础实验和5个创新设计性实验。基本实验给出了实验电路、实验仪器设备及实验原理、内容，详细而富有条理；而设计与仿真实验内容让读者根据要求，自行设计实验方案，独立完成实验。

本书可作为高等院校非电类专业电工电子学实验课程的教材，也可供相关人员参考。

图书在版编目（CIP）数据

电工电子学实验/姜学勤，高德欣，王逸隆编．—2版．北京：化学工业出版社，2016.12（2024.8重印）
普通高等教育电气信息类“十三五”规划教材
ISBN 978-7-122-28538-6

Ⅰ.①电…　Ⅱ.①姜…　②高…　③王…　Ⅲ.①电工技术-实验-高等学校-教材②电子技术-实验-高等学校-教材
Ⅳ.①TM-33②TN-33

中国版本图书馆CIP数据核字（2016）第277020号

责任编辑：郝英华　　装帧设计：张　辉
责任校对：吴　静

出版发行：化学工业出版社（北京市东城区青年湖南街13号　邮政编码100011）
印　　装：北京科印技术咨询服务有限公司数码印刷分部
787mm×1092mm　1/16　印张8¾　字数205千字　2024年8月北京第2版第8次印刷

购书咨询：010-64518888　　售后服务：010-64518899
网　　址：http://www.cip.com.cn
凡购买本书，如有缺损质量问题，本社销售中心负责调换。

定　　价：22.00元

前　言

随着现代科技的不断进步和社会建设的需求，作为培养高级工程技术人才的高等工科院校，仅仅培养学生掌握理论知识是远远不够的，更重要的是培养学生较强的实验技能和设计创新能力。为此，2010 年我们编写出版了《电工学实验》，经过五年多的使用，本书受到了广大读者的欢迎。但随着电工电子学课程的改革和技术的不断发展，对教材的内容也提出了新的要求。因此，本书在保持第一版特色的基础上，做出了相应调整。

本书针对高等工科院校非电类专业电工电子学课程所涉及的内容，编写了包括直流、交流、三相电路、电动机的控制、动态电路及模拟电子技术和数字电子技术等相关实验。本书配备了大量实验仪器及电路元器件的图片和使用说明，从实验目的、实验原理、实验内容、数据处理等不同角度讲解实验的基本方法。在第一版精选的 20 个基础实验外，又新增了 PLC 基本操作练习和基本指令综合实验两个实验，以备不同专业选用。附录中也新增了可编程控制器的简介，作为新增实验的参考资料。在创新设计性实验方面以模拟仿真电路软件为平台，精选了 5 个创新设计性实验，使学生能够将自己设计的电路进行仿真，以确认是否达到设计目的。同时让学生能够真正感受到通过自己的设计完成的产品，提高学生的创作兴趣及创新能力。

本书依据教学体系，内容由浅入深地进行安排。基本实验给出了实验电路、实验仪器及实验原理、内容，详细而富有条理；而设计与仿真实验内容让学生根据要求，自行设计实验方案，独立完成实验。

全书共分 5 章，由青岛科技大学自动化学院姜学勤、高德欣、王逸隆编写。

由于编者水平所限，书中不妥之处，恳请读者给予批评指正。

编者

2016 年 10 月

目　录

第1章 实验概述

1.1 实验目的

电工学是高等学校非电类专业一门很重要的专业基础课。实验作为该课程的重要教学环节，可以做到理论联系实际，加深对课堂知识的理解，对于提高学生研究和解决问题的能力，培养学生的创新能力和协作精神具有重要作用。

通过电工实验，可使学生得到电路基本实践技能训练，学会运用所学理论知识判断和解决实际问题，加深对电路理论的理解和认识；学会使用常用电工仪表及相关的仪器设备；学会使用设计与仿真软件 Multisim 进行电路设计与仿真；能根据要求正确连接实验电路，能分析并排除实验中出现的故障；能运用理论知识对实验现象、结果进行分析和处理；能根据要求进行简单电路的设计，并正确选择合适的电路元件及适用的仪器设备。

一个实验效果如何，决定于实验各个环节的完成质量。下面介绍实验各环节的注意事项。

1.2 实验课前准备

实验课前准备的第一个环节即实验预习。预习是实验能顺利进行的保证，也有利于提高实验质量和效率。

对于验证性实验，实验课前预习应做到如下几点。

① 仔细阅读实验指导书，了解本次实验的主要目的和内容，复习并掌握与实验有关的理论知识。

② 根据给出的实验电路与元件参数，进行必要的理论计算，以便于用理论指导实践。

③ 了解实验中所用仪器仪表的使用方法（包括数据读取），能熟记操作要点。

④ 掌握实验内容的工作原理和测量方法，明确实验过程中应注意的事项。

对于设计性实验，除了以上要求，还应做到如下几点。

① 理解实验所提出的任务与要求，阅读有关的技术资料，学习相关理论知识。

② 进行电路方案设计，选择电路元件参数。

③ 使用仿真软件进行电路性能仿真和优化设计，进一步确定所设计的电路原理图和元器件。

④ 拟定实验步骤和测量方法，选择合适的测量仪器，画出必要的数据记录表格备用。

⑤ 写出预习报告（无论验证性还是设计型实验）。

1.3 实验操作规程

在完成理论学习、实验课前预习后，就进入实验操作阶段。进行实验操作时要做到如下几点。

① 教师首先检查学生的预习报告，检查学生是否了解本次实验的目的、内容和方法。预习（报告）通过了，方允许进行实验操作。

② 认真听取指导老师对实验设备、实验过程的讲解，对易出差错的地方加以注意并做出标记（笔记）。

③ 按要求（设计）的实验电路接线。一般先接主电路，后接控制电路；先串联后并联；导线尽量短，少接头，少交叉，简洁明了，便于测量。所有仪器和仪表，都要严格按规定的正确接法接入电路（例如，电流表及功率表的电流线圈一定要串接在电路中，电压表及功率表的电压线圈一定要并接在电路中）。

④ 完成电路接线后，要进行复查。对照实验电路图，逐项检查各仪表、设备、元器件连接是否正确，确定无误后，方可通电进行实验。如有异常，立即切断电源，查找故障原因。

⑤ 观察现象，测量数据。接通电源后，观察被测量是否合理。若合理，则读取并记录数据。否则应切断电源，查找原因，直至正常。对于指针式仪表，针、影成一线时读数。数字式、指针式仪表都要注意使用合适的量程（并不是量程越大越好，被测量达到量程的$\frac{2}{3}$以上为好)，减小误差。并且还要注意量程、单位、小数点位置及指针格数与量程换算（指针式）。量程变换时要切断电源。

⑥ 记录所有按要求读取的数据，数据记录（记入表格）要完整、清晰，一目了然。要尊重原始记录，实验后不得涂改。注意培养自己的工程意识。

⑦ 本次实验内容全部完成后，可先断电，但暂不拆线，将实验数据结果交指导老师检查无误后，方可拆线。并整理好导线、仪器、仪表及设备，物归原位。

1.4 实验安全

① 实验线路必须仔细检查，经指导教师确认无误后方可通电。

② 使用仪器要严格遵守操作规程，如有损坏应及时报告，找出原因，并吸取教训和按规定赔偿。

③ 实验中，每次改变接线前都应关闭电源。

④ 发生事故时，应首先切断电源，保持现场并立即报告指导教师。

1.5 实验总结与报告

实验的最后一个环节是实验总结与报告。即对实验数据进行整理，绘制波形和图表，分析实验现象，撰写实验报告。每次实验，每个参与者都要独立完成一份实验报告。撰写实验报告应持严肃认真、实事求是的科学态度。实验结果与理论有较大出入时，不得随意修改实验数据结果，不得用凑数据的方法来向理论靠拢，而要重新进行一次实验，找出引起较大误差的原因，同时用理论知识来解释这种现象。

实验报告的格式一般如下。

① 实验名称；

② 实验目的；

③ 实验原理；

④ 实验仪器设备；

⑤ 实验电路；

⑥ 实验数据与计算（图表、曲线要规范，标明坐标物理量及单位符号）；

⑦ 实验数据结果分析与结论；

⑧ 由实验引发的问题思考及解决方案（探讨）。

第 2 章　实验基础知识

2.1　测量的基本内容

① 电量的测量。如电流、电压、功率的测量。

② 电路参数的测量。如电阻、电容、电感、阻抗、品质因数、等效参数、时间常数、损耗等的测量

③ 电信号波形参数的测量。如频率、周期、相位、失真度、调幅度、调频指数等的测量。

④ 电路性能的测量。如放大量、衰减量、灵敏度、频率特性等的测量。

⑤ 器件特性测量。如伏安特性、传输特性、频率特性等。

2.2　常用电路元器件基础知识

2.2.1　电阻器

电阻器是电路元件中应用最广泛的一种，在电子设备中约占元件总数的 30%以上，其质量的好坏对电路工作的稳定性有极大的影响。电阻器的主要用途是稳定和调节电路中的电流和电压，还可用做分流器、分压器和消耗电能的负载等。

(1) 电阻器的分类

电阻器按结构可分为固定式和可变式两大类。

固定式电阻器一般称为“电阻”。由于制作材料和工艺的不同，可分为膜式电阻、实芯电阻、金属绕线电阻（RX）和特殊电阻四种类型。

膜式电阻包括：碳膜电阻 RT、金属膜电阻 RJ、合成膜电阻 RH 和氧化膜电阻 RY 等。

实芯电阻包括：有机实芯电阻 RS 和无机实芯电阻 RN。

特殊电阻包括：MC 型光敏电阻和 MF 型热敏电阻。

电位器是一种具有三个接头的可变式电阻器，其阻值在一定范围内连续可调。

常用电阻器的外形和符号如图 2-1 所示。电阻器的型号命名详见表 2-1。

(2) 电阻器的型号命名

电阻器的型号命名如表 2-1 所示。

示例：RJ71—0.125—5.1kI 型电阻的命名及含义如下。

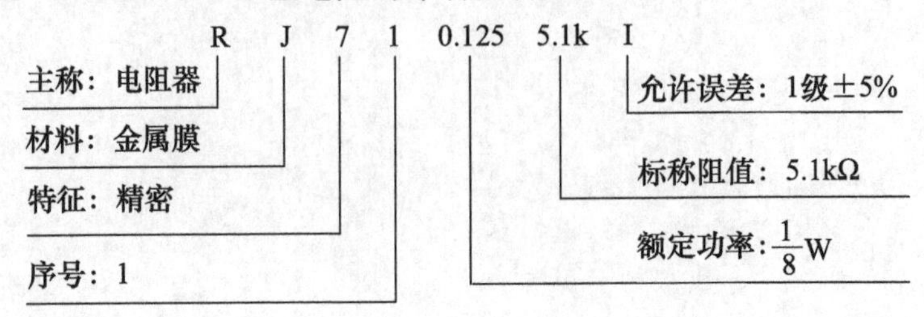

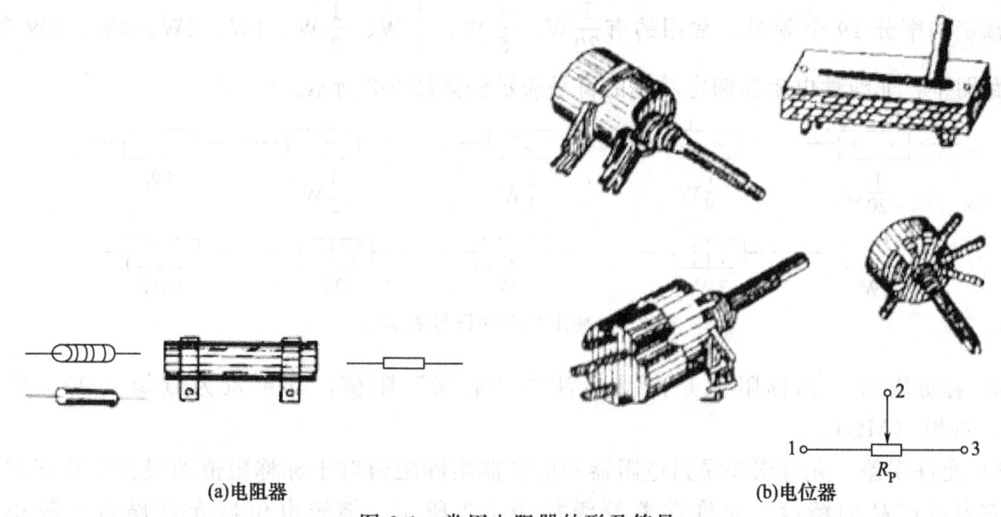

图 2-1　常用电阻器外形及符号

这是精密金属膜电阻器，其额定功率为$\frac{1}{8}$W，标称电阻值为 5.1kΩ，允许误差为±5%。

表 2-1　电阻器的型号命名

第一部分		第二部分		第三部分		第四部分
用字母表示主称		用字母表示材料		用数字或字母表示特征		用数字表示序号
符号	意义	符号	意义	符号	意义	
R	电阻器	T	碳膜	1，2	普通	包括：
RP	电位器	P	硼碳膜	3	超高频	额定功率
		U	硅碳膜	4	高阻	阻值
		C	沉积膜	5	高温	允许误差
		H	合成膜	7	精密	精度等级
		I	玻璃釉膜	8	电阻器——高压	
		J	金属膜		电位器——特殊函数	
		Y	氧化膜			
		S	有机实芯	9	特殊	
		N	无机实芯	G	高功率	
		X	线绕	T	可调	
		R	热敏	X	小型	
		G	光敏	L	测量用	
		M	压敏	W	微调	
				D	多圈	

（3）电阻器的主要性能指标

1）额定功率　电阻器的额定功率是指在规定的环境温度和湿度下，假定周围空气不流通，长期连续负载而不损坏或基本不改变性能的情况下，电阻器上允许消耗的最大功率。当超过额定功率时，电阻器的阻值将发生变化，甚至发热烧毁。为保证安全使用，一般选其额定功率比它在电路中消耗的功率高 1～2 倍。

额定功率分 19 个等级，常用的有$\frac{1}{20}$W、$\frac{1}{8}$W、$\frac{1}{4}$W、$\frac{1}{2}$W、1W、2W、4W、5W 等。在电路图中，非线性电阻器额定功率的符号表示法如图 2-2 所示。

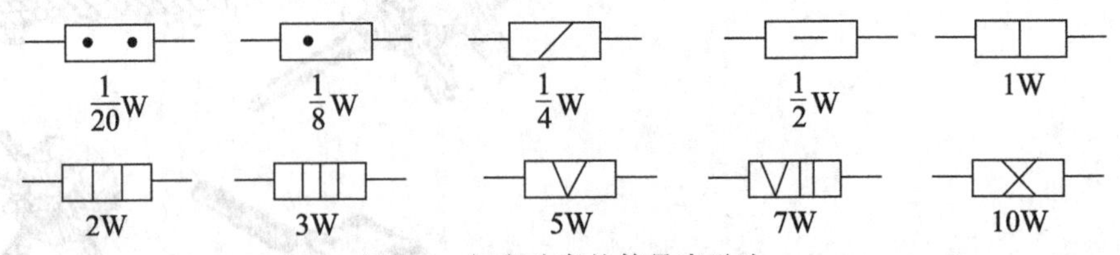

图 2-2 额定功率的符号表示法

2）标称阻值　标称阻值是产品标注的“名义”阻值，其单位为欧姆（Ω）、千欧（kΩ）、兆欧（MΩ）。

3）允许误差　允许误差是指电阻器和电位器实际阻值对于标称阻值的最大允许偏差范围，它表示产品的精度。允许误差等级如表 2-2 所示。绕线电位器允许误差一般小于±10%，非绕线电位器的允许误差一般小于±20%。

表 2-2 允许误差等级

级别	005	01	02	Ⅰ	Ⅱ	Ⅲ
允许误差	±0.5%	±1%	±2%	±5%	±10%	±20%

电阻器的阻值和误差一般都用数字标印在电阻器上，但体积很小的和一些合成的电阻器，其阻值和误差常用色环来表示。在靠近电阻器的一端画有四道或五道（精密电阻）色环，其中第一、二道色环以及精密电阻的第三道色环都表示其相应位数的数字；其后的一道色环则表示前面数字乘以 10 的 n 次幂；最后的色环表示阻值的容许误差。各种颜色所代表的意义如表 2-3 所示。

例如，图 2-3（a）中，电阻器的第一、二、三、四道色环分别为黄、紫、黄、金色，则该电阻的阻值为 $R=(4\times10+7)\times10^4=470\text{k}\Omega$，误差为±5%；图 2-3（b）中，电阻器的第一、二、三、四、五道色环分别为白、黑、黑、金、绿色，则该电阻的阻值为

$$R=(9\times100+0\times10+0)\times10^{-1}=90\Omega，误差为\pm0.5\%$$

表 2-3 色环颜色的意义

颜色	黑	棕	红	橙	黄	绿	蓝
代表数值	0	1	2	3	4	5	6
容许误差	F（±1%）	G（±2%）				D（±0.5%）	G（±0.25%）
颜色	紫	灰	白	金	银	本色	
代表数值	7	8	9				
容许误差	B（±0.1%）			J（±5%）	K（±10%）	（±20%）	

图 2-3 阻值和误差的色环标记

（4）电阻器的简单测试

测量电阻的方法有很多，可用欧姆表、电阻电桥和数字欧姆表直接测量；也可根据欧姆定律 $R=U/I$，通过测量流过电阻的电流 I 及电阻上压降 U 来间接测量电阻。

当测量精度要求较高时，采用电阻电桥来测量电阻。电阻电桥有单臂电桥和双臂电桥两种，这里不作详细介绍。

当测量精度要求不高时，可直接用欧姆表测量电阻。现以 MF—20 型万用表为例，介绍测量电阻的方法，首先将万用表的功能选择波段开关置“Ω”挡，量程波段开关置合适挡。将两根测试笔短接，表头指针应在刻度线 0 点；若不在 0 点，则要调节“Ω”旋钮（0 欧姆调整电位器）回零。调零后即可把被测电阻串接于两根测试笔之间，此时表头指针偏转，待稳定后可从刻度线上直接读出所示数值，再乘上实际选择的量程，即可得到被测电阻的阻值。当另换一量程时需要再次短接两测试笔，重新调零。每换一量程，都要重新调零。

特别指出的是，在测量电阻时，不能用双手同时捏住电阻或测试笔，否则人体电阻将会与被测电阻并联在一起，表头上指示的数值就不单纯是被测电阻的阻值了。

（5）电阻器选用常识

① 根据电子设备的技术指标和具体要求选用电阻的型号和误差等级。

② 为提高设备的可靠性，延长设备的使用寿命，应选用额定功率大于实际消耗功率的 1.5～2 倍。

③ 电阻装接前要进行测量、核对，尤其是在精密电子仪器设备装配时，还需经人工老化处理，以提高其稳定性。

④ 在装配电子仪器时，若所用为非色环电阻，则应将电阻标称值标志朝上，且标志顺序一致，以便于观察。

⑤ 焊接电阻时，烙铁停留时间不宜过长。

⑥ 选用电阻时应根据电路信号频率的高低来选择。一个电阻可等效成一个 RLC 二端线性网络，如图 2-4 所示。不同类型的电阻，R、L、C 三个参数的大小有很大差异。绕线电阻本身是电感线圈，所以不能用于高频电路中。薄膜电阻中，若电阻体上刻有螺旋槽，其工作频率在 10MHz 左右；未刻螺旋槽的工作频率则更高。

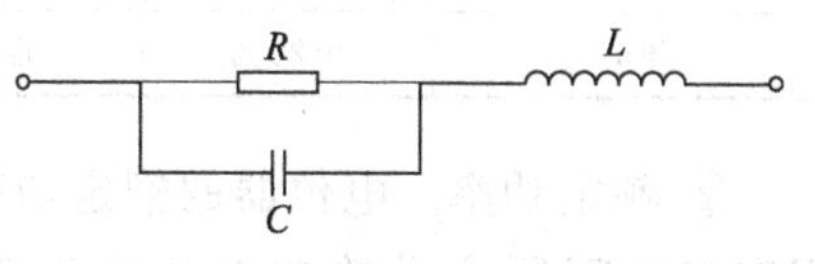

图 2-4　电阻器的等效电路

⑦ 电路中如需通过串联或并联电阻获得所需阻值时，应考虑其额定功率。阻值相同的电阻串联或并联，额定功率等于各个电阻额定功率之和。阻值不同的电阻串联时，额定功率取决于高阻值电阻；阻值不同的电阻并联时，额定功率取决于低阻值电阻，且需计算方可应用。

2.2.2　电位器

（1）电位器的表示法

电位器用字母 R_P 表示，电路符号如图 2-5 所示。电位器一般有三个端子：1 和 3 是固定端、2 是滑动端，其阻值可以在一定范围内变化。电位器的标称值是两个固定端的电阻值，滑动端可在两固定端之间的电阻体上滑动，使滑动端与固定端之间的电阻值在标称值范围内变化。电

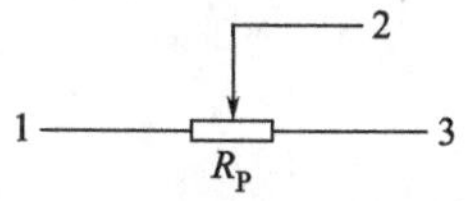

2
1　R_P　3

图 2-5　电位器的电路符号

位器常用作可变电阻或用于调节电位。

（2）电位器的分类

电位器的种类很多，通常可按其材料、结构特点、调节机构运动方式等进行分类。

按电阻材料划分，可分为绕线和薄膜两种电位器。薄膜电位器又分为小型碳膜电位器、合成碳膜电位器、有机实芯电位器、精密合成膜电位器和多圈合成膜电位器等。绕线电位器额定功率大、噪声低、温度稳定性好，但制作成本较高、阻值范围小、分布电容和分布电感大，一般应用于电子仪器中。薄膜电位器的阻值范围宽、分布电容和分布电感小，但噪声较大、额定功率较小，多应用于家用电器中。

按调节机构的运动方式可分为旋转式和滑动式两种电位器。

按阻值的变化规律可分为线性和非线性电位器。

（3）电位器参数

电位器的参数主要有三项：标称值、额定功率和阻值变化率。

① 标称值。电位器表面所标的阻值为标称值。标称值是按国家规定标准化了的电阻值系列值，不同精度等级的电阻器有不同的阻值系列，见表 2-4 所示。使用时可将表中所列数值乘以 10^n（n 为整数）。例如，“1.1”包括 1.1Ω，11Ω，110Ω，1.1kΩ，11kΩ，110kΩ 等阻值系列。在电路设计时，计算出的电阻值要尽量选择标称值系列，这样才能选购到所需要的电阻。

表 2-4　电阻器标称值系列

标称阻值系列	精度	精度等级	电阻器标称值
E24	±5%	Ⅰ	1.0 1.1 1.2 1.3 1.5 1.6 1.8 2.0 2.2 2.4 2.7 3.0 3.3 3.6 3.9 4.3 4.7 5.1 5.6 6.2 6.8 7.5 8.2 9.1
E12	±10%	Ⅱ	1.0 1.2 1.5 1.8 2.2 2.7 3.3 3.9 4.7 5.6 6.8 8.2
E6	±20%	Ⅲ	1.0 2.2 3.3 4.7 6.8

② 额定功率。电位器的额定功率是指两个固定端之间允许耗散的最大功率，滑动头与固定端之间所承受的功率要小于额定功率。线绕电位器额定功率（单位：W）系列为：0.25，0.5，1，2，3，5，10，16，25，40，63，100；非线绕电位器功率（单位：W）系列为：0.025，0.05，0.1，0.25，0.5，1，2，3 等。

③ 阻值变化规律。电位器的阻值变化规律是指当旋转滑动触点时，阻值随之变化的关系。常用的电位器有直线式（X）、对数式（D）和指数式（Z）。其变化规律如图 2-6 所示。

（4）电位器使用方法

当电位器用作可调电阻时，连接如图 2-7 所示，这时将 2 和 3 连接，调节点 2 位置，1 和 3 端的电阻值会随 2 点的位置而改变。

当电位器用于调节电位时，连接如图 2-8 所示，输入电压 U_i 加在 1 和 3 的两端，改变点 2 的位置，点 2 的电位就会随着改变，起到调节电位的作用。

（5）注意事项

① 移动滑动端调节电阻时，用力要轻。

② 对数式电位器和指数式电位器要先粗调，后细调。

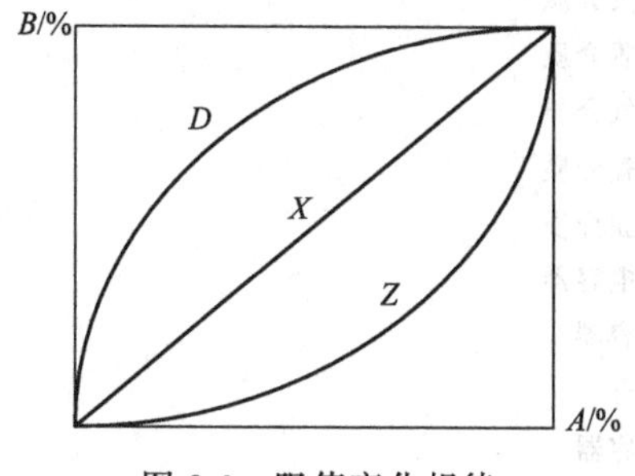

图 2-6　阻值变化规律

A—旋转角度百分比；

B—阻值百分比（以标称阻值为基数）

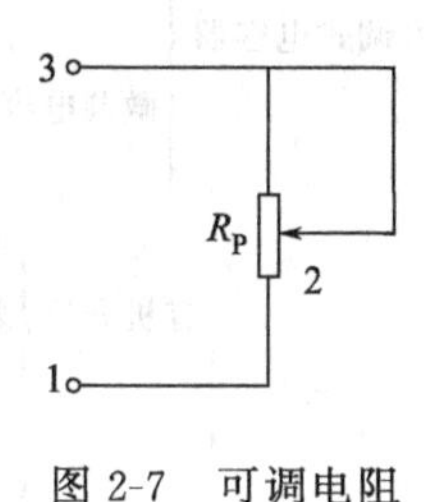

图 2-7　可调电阻

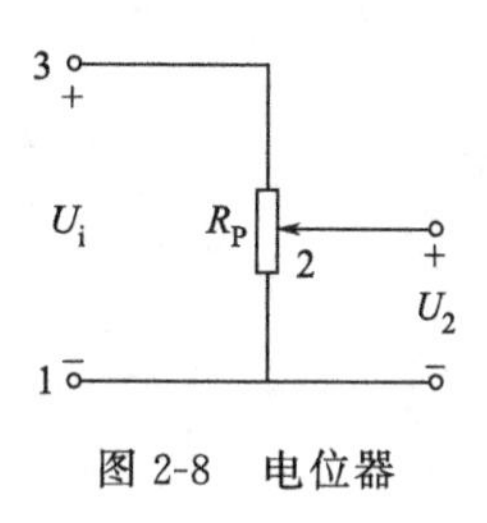

图 2-8　电位器

2.2.3　电容器

（1）电容的定义

电容器是电工电子电路中常用的器件，它由两个导电极板，中间夹一层绝缘介质构成。当在两个导电极板上加上电压时，电极上就会储存电荷。它是储存电能的器件，主要参数是电容。

电容元件是从实际电容器抽象出来的模型，对于线性非时变的电容，其定义如下

$$C=\frac{q(t)}{u(t)}$$

式中，$q(t)$为电容上电荷的瞬时值；$u(t)$为电容两端电压的瞬时值。

（2）电容的符号、单位

电容用字母 C 表示，基本单位是 F（法拉），辅助单位有微法（μF，10^{-6}F），纳法（nF，10^{-9}F），皮法（pF，10^{-12}F）。常用的是微法和皮法。电容的图形符号如图 2-9 所示。

电容器有隔直通交的特点，因此，在电路中通常可完成隔直流、滤波、旁路、信号调谐等功能，在关联参考方向下，其约束关系如下式所示

(a) 电容一般符号　　(b) 极性电容

图 2-9　电容的图形符号

$$i=C\frac{\mathrm{d}u(t)}{\mathrm{d}t}$$

上式说明，电容电路中的电流与其上电压大小无关，只与电压的变化率有关，故称电容为动态元件。

（3）电容器的分类

电容器按照结构可分为固定电容器、可变电容器和微调电容器，按介质材料可分为有机介质、无机介质、气体介质和电解质电容器等。图 2-10 所示的为常见的电容器分类方法。

（4）电容器的主要参数

电容器的主要参数有标称容量、额定工作电压、绝缘电阻、介质损耗等。

1）标称容量及精度　电容量是指电容器两端加上电压后储存电荷的能力。标称容量是电容器外表面所标注的电容量，是标准化了的电容值，其数值同电阻器一样，也采用 E24，E12，E6 标称系列。当标称容量范围在 0.1～1μF 时，采用 E6 系列。对于标称容量在 1μF 以上的电容器（多为电解电容器），一般采用表 2-5 所示的标称系列值。

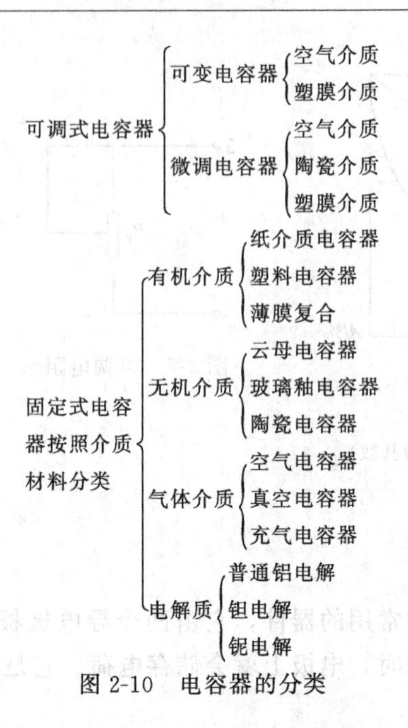

图 2-10 电容器的分类

表 2-5 1μF 以上电容器的标称系列值

容量范围	标称系列电容值/μF
>1μF	1 2 4 4.7 6 8 10 15 20 30 47 50 60 80 100

2）额定工作电压 电容器在规定的工作温度范围内长期、可靠地工作所能承受的最高电压为额定工作电压。若工作电压超出这个电压值，电容器就会被击穿损坏。额定工作电压通常指直流电压。常用固定式电容器的直流电压系列值（单位：V）为：1.6，4，6，6.3，10，16，25，32*，40，50*，63，100，125*，160，250，300，400，450*，500，630，1000（有“*”号的只限于电解电容器使用）。电解电容器和体积较大的电容器的额定电压值直接标在电容器的外表面上，体积小的只能根据型号判断。

3）绝缘电阻及漏电流 电容器的绝缘电阻是指电容器两极之间的电阻，或叫漏电电阻。电解电容的漏电流较大，通常给出漏电流参数；其他类型电容器的漏电流很小，用绝缘电阻表示其绝缘性能。绝缘电阻一般应在数百兆欧姆到数千兆欧姆数量级。

4）介质损耗 介质损耗，是指介质缓慢极化和介质导电所引起的损耗。通常用损耗功率和电容器的无功功率之比，即损耗角的正切值表示

$$\tan\delta=\frac{损耗功率}{无功功率}$$

不同介质电容器的 $\tan\delta$ 值相差很大，一般在 $10^{-2}\sim10^{-4}$ 数量级。损耗角大的电容器不适合于高频情况下工作。

（5）电容器的标注方法

电容器的标注方法有直接标注法和色码法。

1）直接标注法 直接标注法是用字母或数字将电容器有关的参数标注在电容器表面上。对于体积较大的电容器，可标注材料、标称值、单位、允许误差和额定工作电压，或只标注标称容量和额定工作电压；而对体积较小的电容器，则只标注容量和单位，有时只标注容量

不标注单位，此时当数字大于 1 时单位为皮法（pF），小于 1 时单位为微法（μF）。

电容器主要参数标注的顺序如下。

第一部分，主称，用字母 C 表示电容。

第二部分，用字母表示介质材料，其对应关系见表 2-6。

第三部分，用字母表示特征。

第四部分，用字母或数字表示，包括品种、尺寸代号、温度特征、直流工作电压、标称值、允许误差、标准代号等。

如 CJX—250—0.33—±10%，表示金属化纸介质小型电容器，容量为 0.33μF，允许误差±10%，额定工作电压为 250V。

又如 CD25V47μF，表示额定工作电压为 25V、标称容量为 47μF 的铝电解电容。CL 为聚酯（涤纶）电容器，CB 为聚苯乙烯电容器，CBB 为聚丙烯电容器，CC 为高频瓷介质电容器，CT 为低频瓷介质电容器等。

表 2-6　电容器的介质材料采用的标注字母

字母	介质材料	字母	介质材料	字母	介质材料
A	钽电解	H	纸膜复合	Q	漆膜
B	聚苯乙烯等非极性有机薄膜	I	玻璃釉	T	低频陶瓷
C	高瓷电解	J	金属化纸	V	云母纸
D	铝电解	L	聚酯等极性有机薄膜	Y	云母
E	其他材料电解	N	铌电解	Z	纸
G	合金电解	O	玻璃膜		

用数字标注容量有以下几种方法。

① 只标数字，如 4700，300，0.22，0.01。此时指电容的容量是 4700μF，300μF，0.22μF，0.01μF。

② 以 n 为单位，如 10n，100n，4n7。他们的容量是 0.01μF，0.1μF，4700pF。

③ 用三位数码表示容量大小，单位是皮法（pF），前两位是有效数字，后一位是零的个数。

例如：102，它的容量为 10×10^2pF=1000pF，读作 1000pF；

103，它的容量为 10×10^3pF=10000pF，读作 0.01μF；

104，它的容量为 100000pF，读作 0.1μF；

332，它的容量为 3300pF，读作 3300pF；

473，它的容量为 47000pF，读作 0.047μF；

第三位数字如果是 9，则乘 10^{-1}，如 339 表示 33×10^{-1}pF=3.3pF。

由以上可以总结出，直接数字标注法的电容器，其电容量的一般读数原则是：10^4 以下的读皮法（pF），10^4 以上（含 10^4）的读微法（μF）。

2）色码法　电容器的色码法与电阻器相似，各种色码所表示的有效数字和乘数见表 2-3。

电容器的色标一般有三种颜色，从电容器的顶端向引线方向，依次单位第一位有效数字环、第二位有效数字环、乘数环，单位为皮法（pF）。若两位有效数字的色环是同一种颜色，就涂成一道宽的色环。

(6) 电容器的选用

电容器的种类很多，应根据电路的需要，考虑以下因素，合理选用。

1) 选用合适的介质　电容器的介质不同，性能差异较大，用途也不完全相同，应根据电容器在电路中的作用及实际电路的要求，合理选用。一般电源滤波、低频耦合、去耦、旁路等，可选用电解电容器；高频电路应选用云母或高频瓷介电容器。聚丙烯电容器可代替云母电容器。

2) 标称容量及允许误差　因为电容器在制造中容量控制较难，不同精度的电容器其价格相差较大，所以应根据电路的实际需要选择。对精度要求不高的电路，选用容量相近或容量大些的即可，如旁路、去耦及低频耦合等；但在精度要求高的电路中，应按设计值选用。在确定电容器的容量时，要根据标称系列来选择。

3) 额定工作电压　电容器的耐压是一个很重要的参数，在选用时，器件的额定工作电压一定要高于实际电路工作电压的 1～2 倍。但电解电容器是个例外，电路的实际工作电压为电容器额定工作电压的 50%～70%。如果额定工作电压远高于实际电路的电压，会使成本增加。

(7) 性能测量

准确测量电容器的容量，需要专用的电容表。有的数字万用表也有电容挡，可以测量电容值。通常可以用模拟万用表的电阻挡，检测电容的性能好坏。

① 用万用表的电阻挡检测电容器的性能，要选择合适的挡位。大容量的电容器，应选小电阻挡；反之，选大电阻挡。一般 50μF 以上的电容器宜选用 $R\times100$ 或更小的电阻挡，1～50μF 之间用 $R\times1\text{k}$ 挡；1μF 以下用 $R\times10\text{k}$ 挡。

② 检测电容器的漏电电阻的方法。用万用表的表笔与电容器的两引线接触，随着充电过程结束，指针应回到接近无穷大处，此处的电阻值即为漏电电阻。一般电容器的漏电电阻为几百至几千兆欧姆。测量时，若表针指到或接近欧姆零点，表明电容器内部短路；若指针不动，始终指在无穷处，则表明电容器内部开路或失效。对于容量在 0.1μF 以下的电容器，由于漏电电阻接近无穷大，难以分辨，故不能用此方法检查电容器内部是否开路。

2.2.4 电感器及互感器

(1) 电感器

电感器又称电感线圈，由绕在磁性或非磁性材料芯子上的导线组成，是一种存储磁场能量的器件。

1) 电感器的分类　电感器的种类很多，根据电感系数是否可调分为固定电感、可调电感；按芯体材料来分，又可以分为磁芯电感器和空芯（非磁性材料芯）电感器；按功能分又可分为振荡线圈、耦合线圈、偏转线圈及滤波线圈等。一般低频电感器大多采用铁芯（铁氧体）或磁芯，而中、高频电感器则采用空心或高频磁芯，是特制的。如电视机高频调谐器中的电感器。电感器图形符号如图 2-11 所示。

2) 电感器参数　电感元件是由实际电感器抽象出来的模型。用于描述电感器特性的主要参数是电感（自感）系数 L。对于线性定常电感（无铁芯）L 定义为

$$L=\frac{\psi_{\mathrm{L}}}{i_{\mathrm{L}}}=\frac{N\Phi}{i_{\mathrm{L}}}=\frac{\mu N^2 S}{l}\quad（磁链\ \psi_{\mathrm{L}}=N\Phi\propto Li_{\mathrm{L}}\propto i_{\mathrm{L}}）$$

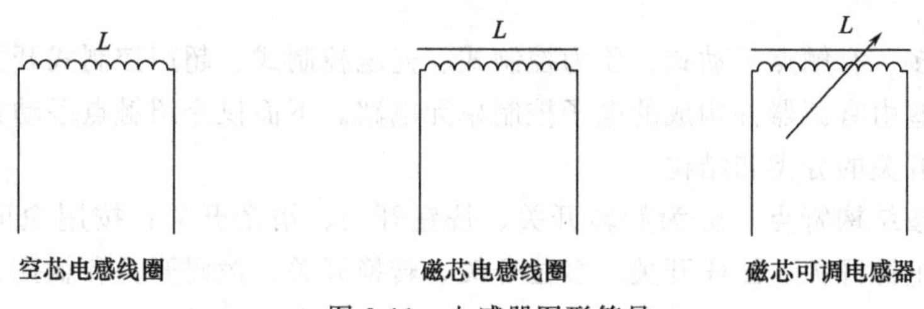

图 2-11　电感器图形符号

式中，N 为线圈匝数；Φ、i_L 分别为线圈中的磁通和电流；S、l 分别为线圈横截面积、长度；μ 为材料芯的磁导率。电感系数 L 反映线圈存储磁场能量的能力其特性与线圈构造及材料性质有关。另外，还有品质因数 Q、额定电流 I_N、分布电容 C_O 等参数。

品质因数 Q：电感线圈无功功率与有功功率的比值。Q 值越高，功率损耗越小，功率越高，选择性越好。

额定电流 I_N：线圈长时间工作所通过的最大电流。

分布电容 C_O：线圈匝与匝之间、层与层之间，线圈与地，线圈与外壳等的寄生电容。

实际电感器等效电路，（r_o 为线圈直流电阻）如图 2-12 所示。

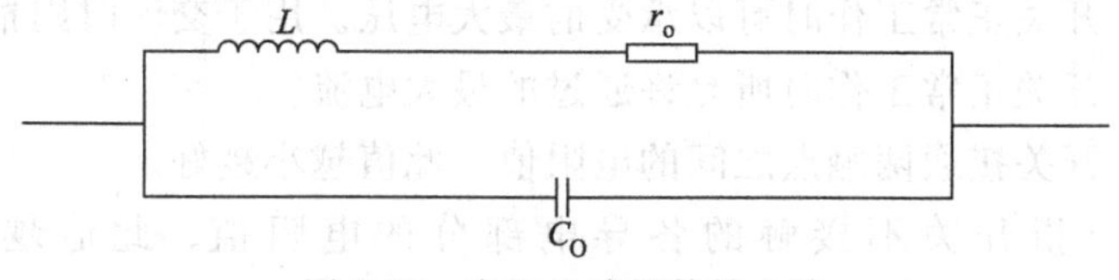

图 2-12　实际电感器等效电路

电（自）感系数 L 一般都直接标注在电感器上，标称误差在 5%～20%之间。电感器的参数可用专用仪器测量，如 Q 表、数字电桥等。用万用表 Ω 挡，通过测量线圈直流电阻 r_o，可大致判断其好坏。一般 r_o 应很小，（零点几欧姆至几十欧姆）。当 $r_o=\infty$ 时，表明线圈内部或引出端线已断线，与电阻器电容器不同的是：电感线圈没有品种齐全的标准产品，特别是一些高频小电感器，通常需要自行设计制作。

（2）互感器

互感器是在同一个芯子上绕制成两组线圈的器件，也可以由两个不同芯子的线圈套在一起构成，这两个互相靠近的线圈会产生相互感应。相互感应的程度如何用互感系数 M 表示

$$M_{12}=\frac{\psi_{12}}{i_{L2}}=\frac{N_1\Phi_{12}}{i_{L2}}=M_{21}=\frac{\psi_{21}}{i_{L1}}=\frac{N_2\Phi_{21}}{i_{L1}}$$

式中，ψ_{12}，ψ_{21} 分别为线圈中电流 i_{L2}，i_{L1} 在 N_1（匝数）、N_2 线圈中产生的磁链。

互感器在电路中起变换电压、变换电流和变换电阻的作用。互感器中两个线圈耦合程度（松、紧）如何用耦合系数 K 来计算。$K=1$ 为理想的全耦合情况。

$$K=\sqrt{\frac{M^2}{L_1L_2}}=\frac{M}{\sqrt{L_1L_2}}\leqslant 1$$

2.2.5　开关

开关是一种能将电路接通和断开的器件。开关断开，则开关端电阻 $R=\infty$；开关闭合，

则 $R=0$。

开关种类很多。有触点手动式、压力控制式、光电控制式、超声控制式开关等。而“电子开关”则是一些由有源器件构成的电子控制单元电路。下面仅介绍触点手动式开关。

(1) 手动式开关的分类和结构

手动式开关按结构特点可分为旋转开关、按钮开关、滑动开关；按用途可分为琴键开关、微动开关、电源开关、波段开关、多位开关、转换开关、拨码开关和触摸开关。

一个简单的开关通常有两个触点。当这两个触点不接触时，电路断开；接触时（闭合）电路接通。活动的触点叫做“极”，静止的触点叫“位”。单极单位开关，只能通断一条电路；单极双位开关，可选通（断）两条电路中的一条；而双极双位开关，可同时接通（断开）两条独立的电路；多极多位开关可依次类推。开关的“极”和“位”如图 2-13 所示。

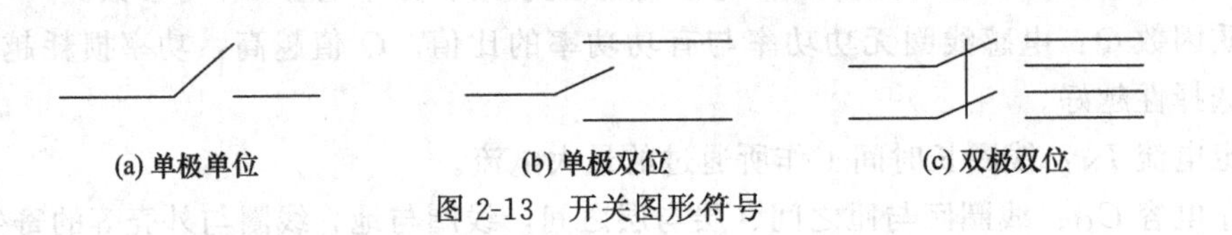

图 2-13 开关图形符号

(2) 开关的主要参数

1) 额定电压 开关正常工作时可以承受的最大电压。用于交流时则指电压有效值。

2) 额定电流 开关正常工作时所允许通过的最大电流。

3) 接触电阻 开关接通两触点之间的电阻值。此值越小越好。

4) 绝缘电阻 指开关不接触的各导电部分的电阻值。此值越大越好，一般在 100MΩ 上。

(3) 开关的选用

开关的选用比较简单，使用前先用万用表进行测量，分清“极”和“位”，然后安装即可。应注意的是，选用除电气参数外，还要根据具体情况，考虑到结构形式、外形尺寸等。这样选用的开关才能够既满足电路功能要求，又便于安装、操作。

2.3 实验装置介绍

本节所介绍的实验装置为浙江求是科教设备有限公司 2007 年生产的 MEEL-I 型电工电子实验装置，如图 2-14 所示。该装置可以实现大学电工电子课程的基础实验和综合设计性实验。具体实验方法流程将在第 3、4 章中详细阐述，本节主要讨论各种基本实验装置。

2.3.1 电源

电源可分为直流电源、交流电源两类。

(1) 直流电压源

直流电压源输出恒定直流电压。MEEL-I 型实验台直流电压源如图 2-15 所示，共分为左右两个相互独立的电源，能输出两个独立恒定电压。共有 7 个控制按钮，其中左边三个控制左边电压源电压输出范围，10V 表示左电压输出为 0～10V，20V 表示 10～20V，30V 表示 20～30V。例如，若想得到 15V 输出电压，需将 20V 按钮按下，调整电源调节按钮（左），从而得到所需电压。右边 3 个按钮作用类似。中间红色按钮为显示按钮，按下去液晶

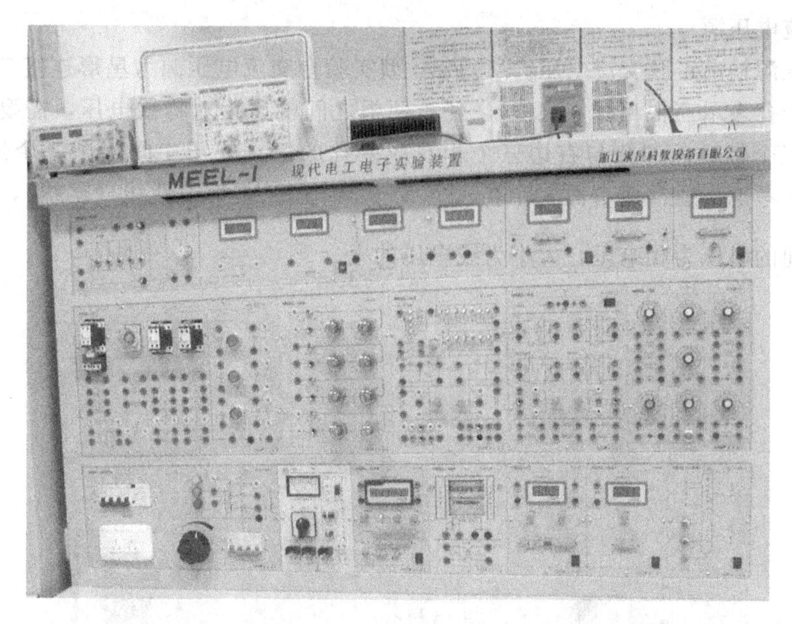

图 2-14　MEEL-I 型电工电子实验装置

屏显示左电源电压，弹起来液晶屏显示右边电源电压。红色按钮不影响输出电压，只显示输出值。

（2）直流电流源

直流电流源输出恒定直流电流。图 2-16 为 MEEL-I 型实验台直流电流源，共三个控制按钮，分别表示直流电流源输出范围为 2mA、20mA 和 200mA，电流调节旋钮用来调整输出电流大小，液晶显示屏显示输出值。需要注意的是与直流电压源不同，直流电流源必须在接入电路后才能调整电流大小，因为在不接任何负载时电流源相当于开路。

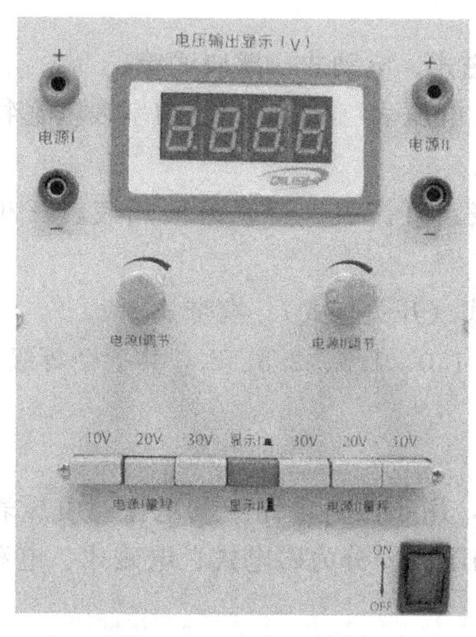

图 2-15　直流电压源

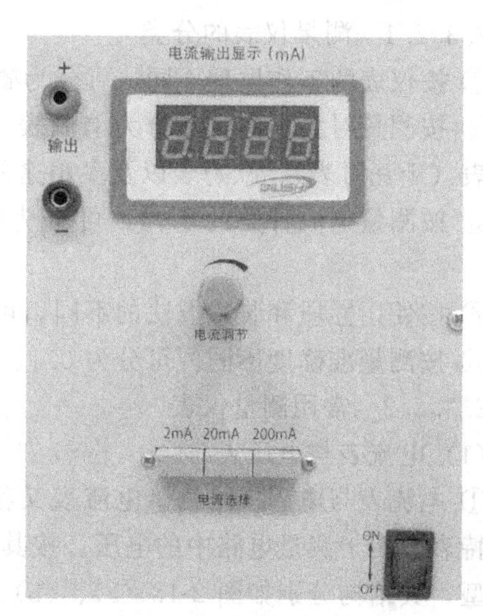

图 2-16　直流电流源

（3）交流电压源

交流电压源输出正弦交流电压。MEEL-I 型实验台交流电压源为星形连接三相电源，其中带颜色三个孔表示三根相线（火线），任意两根之间电压为对称线电压，需要注意的是图 2-17 中左边三个带颜色的孔与右边三个相对应的孔的区别在于中间接了一个短路保护器，因此出于安全考虑，通常接右面三个孔 U′、V′、W′。N N′为中性线（零线），零线与任意一根火线之间的电压为相电压，大小为线电压的$\frac{1}{\sqrt{3}}$。

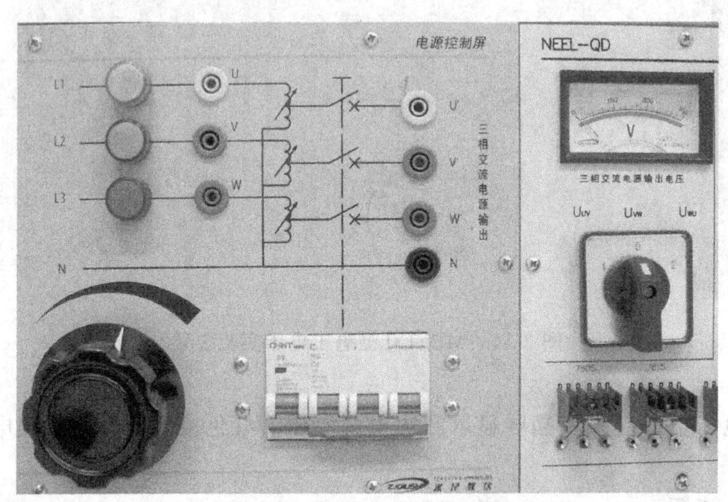

图 2-17　星形连接三相电源

使用交流电源时首先须调整电源电压大小，例如若用电器需要电压 220V（有效值），则可旋转黑色旋钮，同时观察右侧三相电压表，此表显示的读数为线电压，因此若此电压表读数为 380V，则表示相应相电压为 220V，可将此负载接在任意一根火线与零线之间。

2.3.2　测量仪表

2.3.2.1　测量仪表的分类

① 按仪表的工作原理不同，可分为磁电式、电磁式、电动式、感应式等。

② 按测量对象不同，可分为电流表（安培表）、电压表（伏特表）、功率表（瓦特表）、电度表（千瓦时表）、欧姆表以及多用途的万用表等。

③ 按测量电流种类的不同，可分为单相交流表、直流表、交直流两用表、三相交流表等。

④ 按使用性质和装置方法的不同，可分为固定式（开关板式）、携带式。

⑤ 按测量准确度不同，可分为 0.1、0.2、0.5、1.0、1.5、2.5、5.0 共七个等级。

2.3.2.2　常用测量仪表

（1）电流表与电压表

① 电流表与电压表结构。电流表又称为安培表，用于测量电路中的电流；电压表又称为伏特表，用于测量电路中的电压。按其工作原理的不同，分为磁电式、电磁式、电动式三种类型，其结构分别如图 2-18（a）、（b）、（c）所示。

② 工作原理如下。

a. 磁电式仪表的结构与工作原理。磁电式仪表主要由永久磁铁、极靴、铁芯、活动线

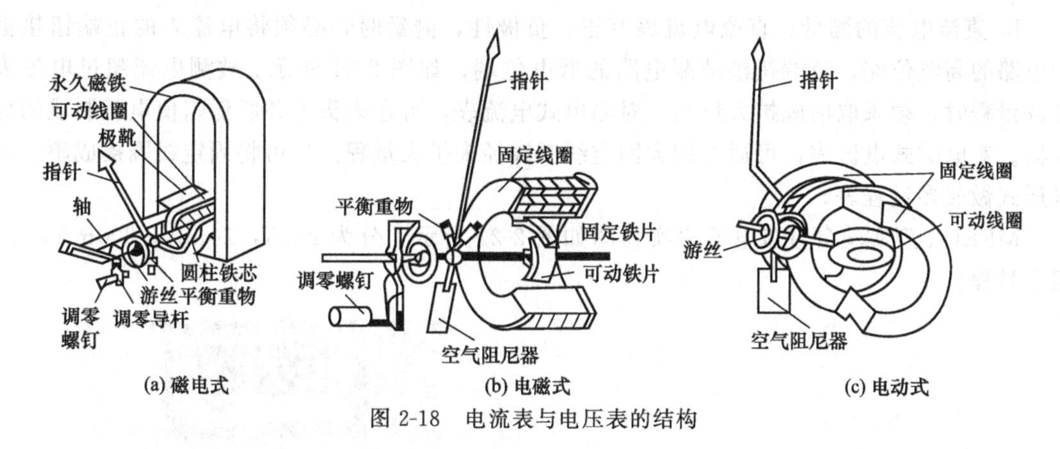

(a) 磁电式　(b) 电磁式　(c) 电动式

图 2-18　电流表与电压表的结构

圈、游丝、指针等组成。其工作原理为：当被测电流流过线圈时，线圈受到磁场力的作用产生电磁转矩绕中心轴转动，带动指针偏转，游丝也发生弹性形变。当线圈偏转的电磁力矩与游丝形变的反作用力矩相平衡时，指针便停在相应位置，在面板刻度标尺上指示出被测数据。

b. 电磁式仪表的结构与工作原理。电磁式仪表主要由固定部分和可动部分组成。以排斥型结构为例，固定部分包括圆形的固定线圈和固定于线圈内壁的铁片，可动部分包括固定在转轴上的可动铁片、游丝、指针、阻尼片和零位调整装置。其工作原理为：当固定线圈中有被测电流通过时，线圈电流的磁场使定铁片和动铁片同时被磁化，且极性相同而互相排斥，产生转动力矩。定铁片推动动铁片运动，动铁片通过传动轴带动指针偏转。当电磁偏转力矩与游丝形变的反作用力矩相等时，指针停转，面板上指示值即为所测数值。

c. 电动式仪表的结构与工作原理。电动式仪表主要由固定线圈、可动线圈、指针、游丝和空气阻尼器等组成。其工作原理为：当被测电流流过固定线圈时，该电流变化的磁通在可动线圈中产生电磁感应，从而产生感应电流。可动线圈受固定线圈磁场力的作用产生电磁转矩而发生转动，通过转轴带动指针偏转，在刻度板上指出被测数值。

③ 电流表与电压表的使用如下。

a. 交流电流的测量。在测量量程范围内将电流表串入被测电路即可，如图 2-19 所示。MEEL-I 型实验台交流电流表实物图如图 2-20 所示。测量较大电流时，必须扩大电流表的量程。可在表头上并联分流电阻或加接电流互感器。

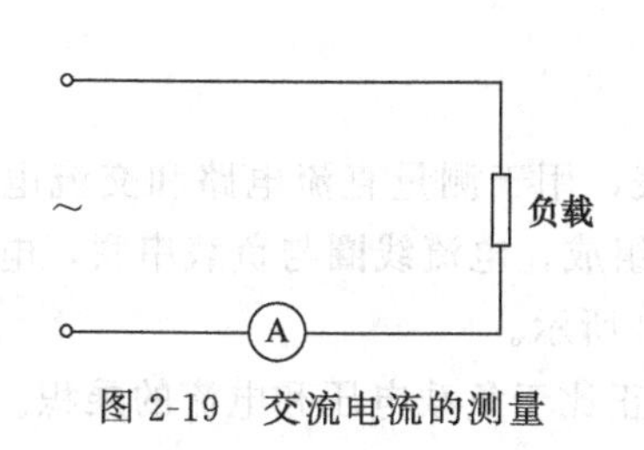

图 2-19　交流电流的测量

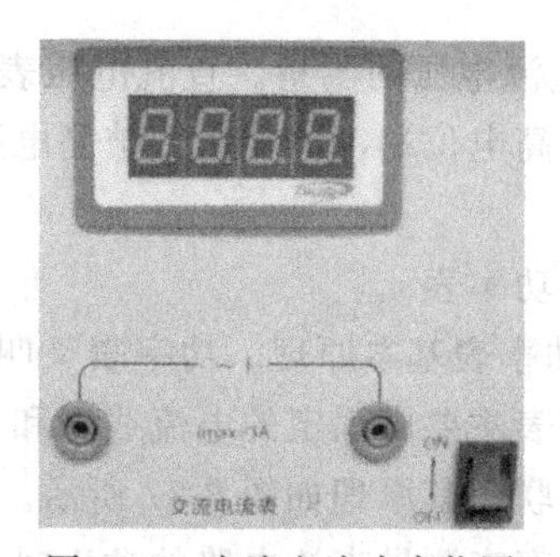

图 2-20　交流电流表实物图

b. 直流电流的测量。直流电流表有正、负极性，测量时，必须将电流表的正端钮接被测电路的高电位端，负端钮接被测电路的低电位端，如图 2-21 所示。被测电流超过电流表允许量程时，须采取措施扩大量程。对磁电式电流表，可在表头上并联低阻值电阻制成的分流器。对电磁式电流表，可通过加大固定线圈线径来扩大量程。也可将固定线圈接成串、并联形式做成多量程表。

MEEL-I 型实验台直流电流表实物图如图 2-22 所示，分为 2mA，20mA，200mA，2A 四个量程。

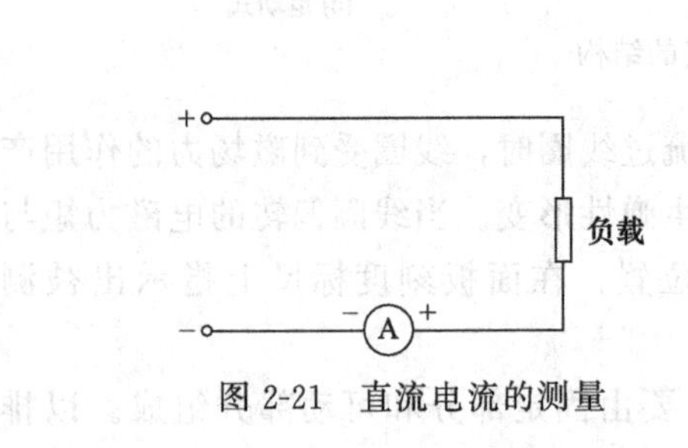

图 2-21 直流电流的测量

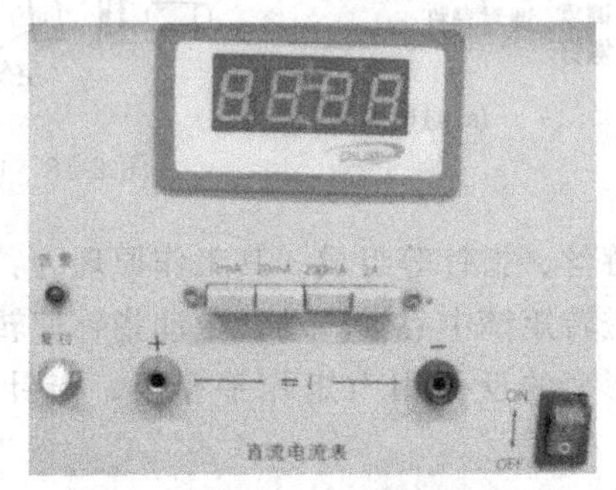

图 2-22 直流电流表实物图

c. 交流电压的测量。在测量量程范围内将电压表直接并入被测电路即可，如图 2-23 所示。类似于电流表，也用电压互感器来扩大交流电压表的量程。图 2-24 为交流电压表实物图。

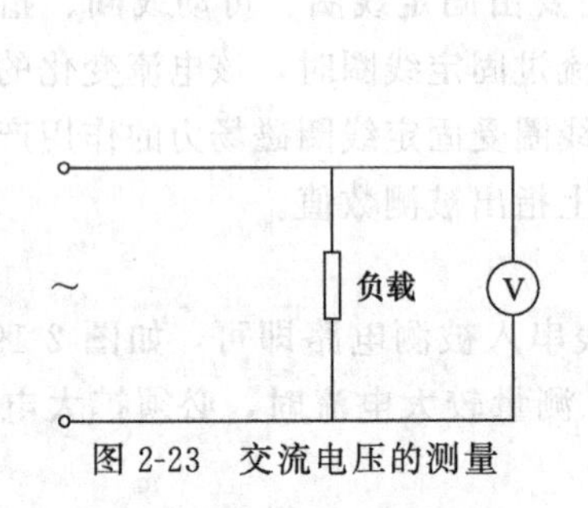

图 2-23 交流电压的测量

图 2-24 交流电压表实物图

d. 直流电压的测量。直流电压表有正、负极性，测量时，必须将电压表的正端钮接被测电路的高电位端，负端钮接被测电路的低电位端，如图 2-25 所示。图 2-26 为直流电压表实物图。

(2) 功率表

① 功率表基本原理。功率表又叫瓦特表、电力表，用于测量直流电路和交流电路的功率。功率表主要由固定的电流线圈和可动的电压线圈组成，电流线圈与负载串联，电压线圈与负载并联，其原理如图 2-27 所示。实物图如图 2-28 所示。

用功率表测量直流电路的功率时，指针偏转角 γ 正比于负载电压和电流的乘积。即

$$\gamma \propto UI = P$$

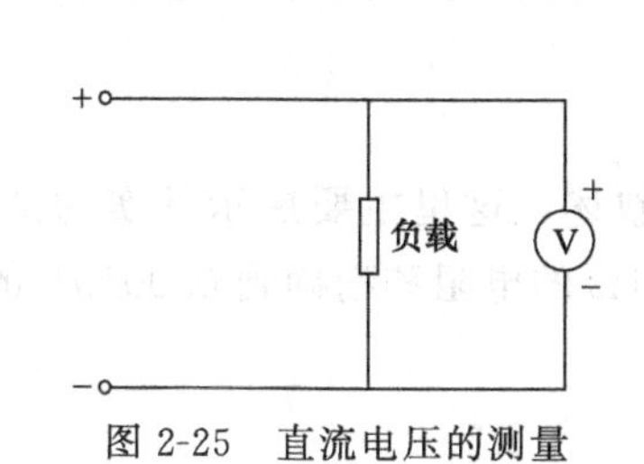

图 2-25　直流电压的测量

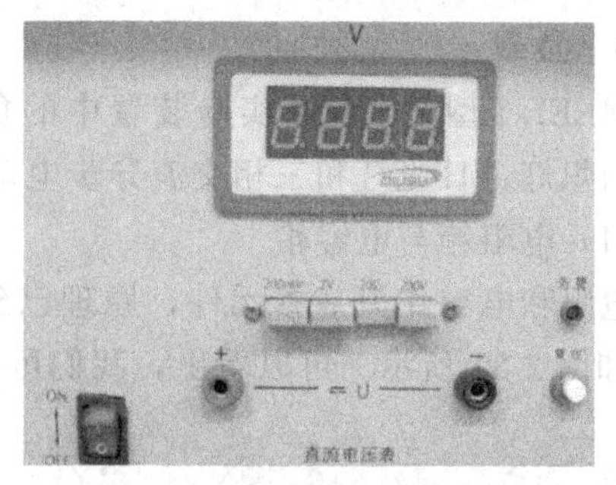

图 2-26　直流电压表实物图

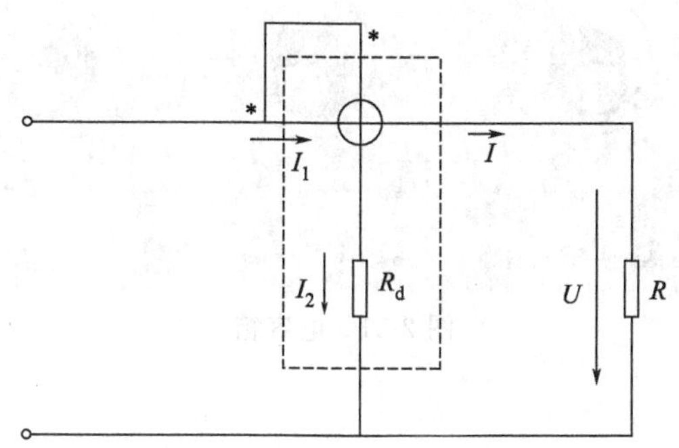

图 2-27　功率表测量原理图

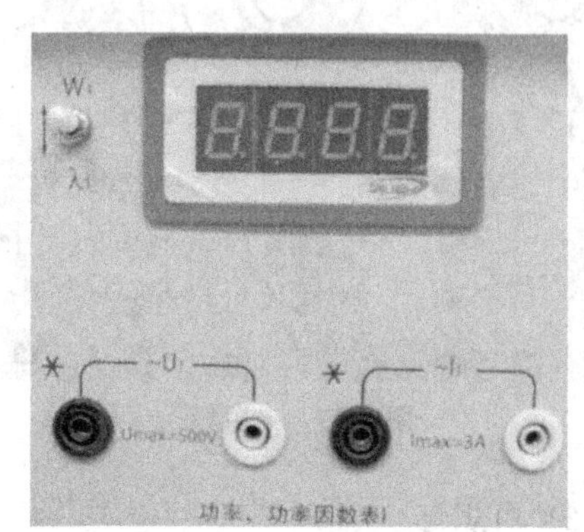

图 2-28　功率表实物图

可见，功率表指针偏转角与直流电路负载的功率成正比。

在交流电路中，电动式功率表指针的偏转角 γ 与所测量的电压、电流以及该电压、电流之间的相位差 Φ 的余弦成正比，即

$$\gamma \propto UI\cos\Phi$$

可见，所测量的交流电路的功率为所测量电路的有功功率。

② 功率表的使用。功率表的电流线圈、电压线圈各有一个端子标有“＊”号，称为同名端。测量时，电流线圈标有“＊”号的端子应接电源，另一端接负载；电压线圈标有“＊”号的端子一定要接在电流线圈所接的那条电线上，但有前接和后接之分，如图 2-29 所示。

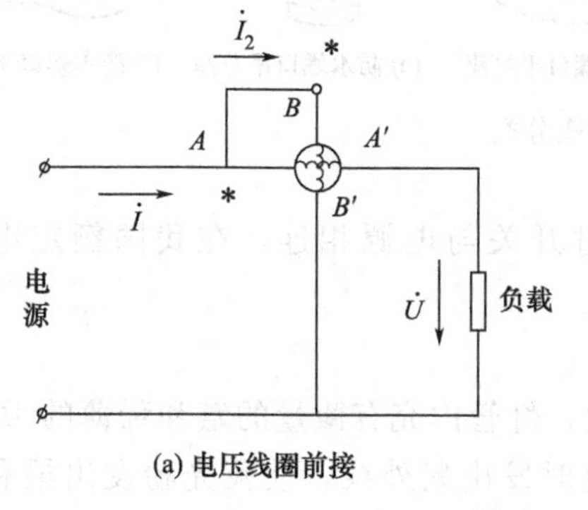

(a) 电压线圈前接

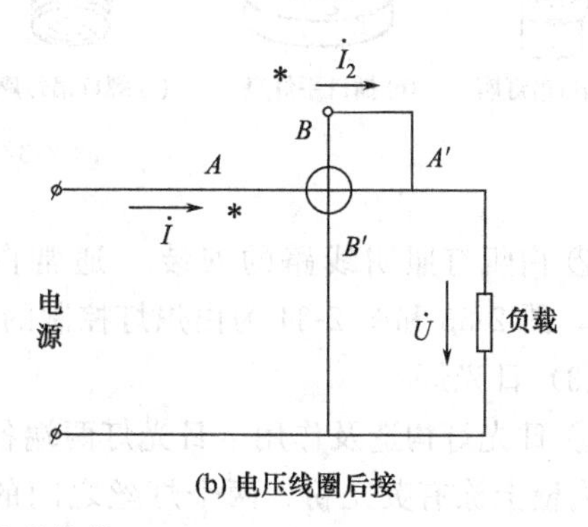

(b) 电压线圈后接

图 2-29　单相功率表的接线

2.3.3 负载

MEEL-I 型电工电子实验装置中的负载主要有：电阻及可变电阻箱，电容及可变电容箱，白炽灯，日光灯和三相交流异步电动机。

(1) 电阻箱与电容箱

电阻和电容作为基本元件，原理已经在前面章节叙述，这里主要展示其实物图，如图 2-30 和图 2-31 所示。可以看出，我们可以得到精确到 1Ω 的电阻和精确到 0.001μF 的电容。

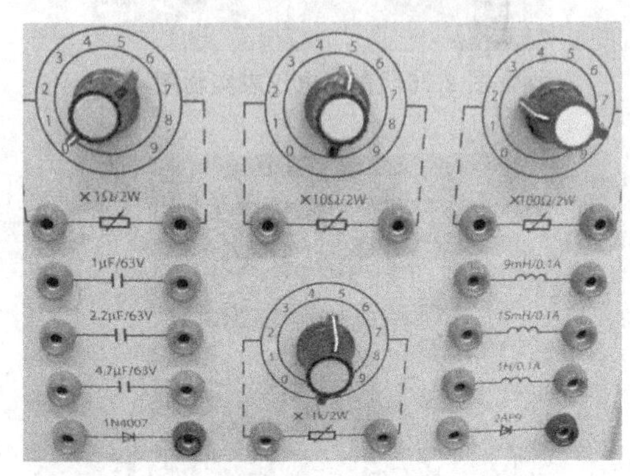

图 2-30 电阻箱

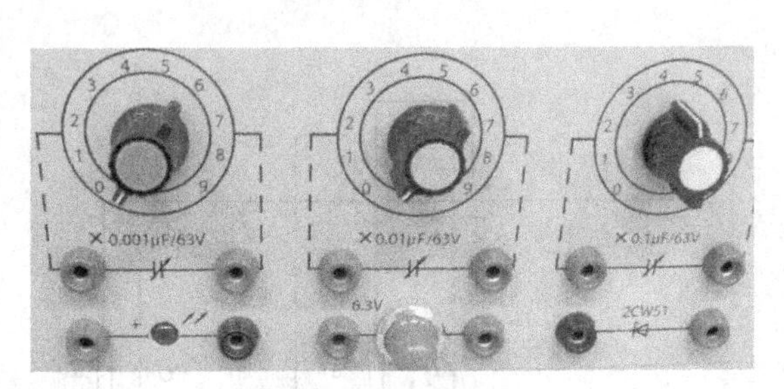

图 2-31 电容箱

(2) 白炽灯

① 白炽灯简介　白炽灯是将灯丝通电加热到白炽状态，利用热辐射发出可见光的电光源。自 1879 年，美国的爱迪生制成了碳化纤维（即碳丝）白炽灯以来，经人们对灯丝材料、灯丝结构、充填气体的不断改进，白炽灯的发光效率也相应提高。1959 年，美国在白炽灯的基础上发展了体积和衰光极小的卤钨灯。白炽灯的发展趋势主要是研制节能型灯泡。不同用途和要求的白炽灯，其结构和部件不尽相同。白炽灯的光效虽低，但光色和集光性能好，是产量最大、应用最广泛的电光源。常用灯座包括插口吊灯座、插口平灯座、螺口吊灯座、螺口平灯座、防水螺口吊灯座和防水螺口平灯座，如图 2-32 所示。

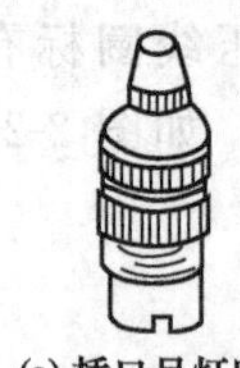

(a) 插口吊灯座

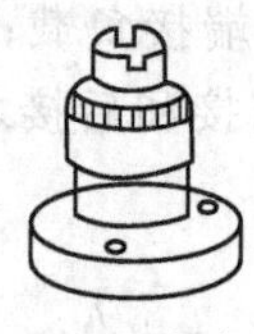

(b) 插口平灯座

(c) 螺口吊灯座

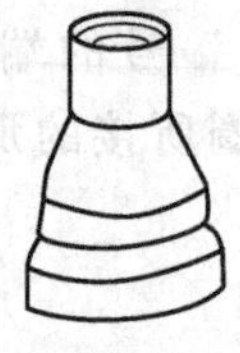

(d) 螺口平灯座

(e) 防水螺口吊灯座

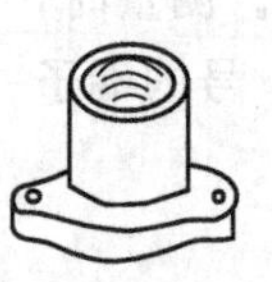

(f) 防水螺口平灯座

图 2-32 白炽灯灯座分类

② 白炽灯照明线路的安装　通常白炽灯通过开关与电源相连，在我国额定电压为 220V，图 2-33 和图 2-34 为白炽灯控制的两个实例。

(3) 日光灯

① 日光灯构造及作用　日光灯两端各有一灯丝，灯管内充有微量的氩和稀薄的汞蒸气，灯管内壁上涂有荧光粉，两个灯丝之间的气体导电时发出紫外线，使荧光粉发出柔和的可见光。

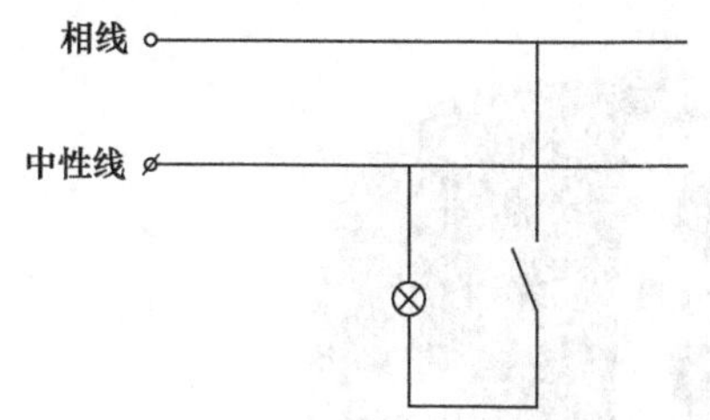

图 2-33　单联开关控制白炽灯接线原理

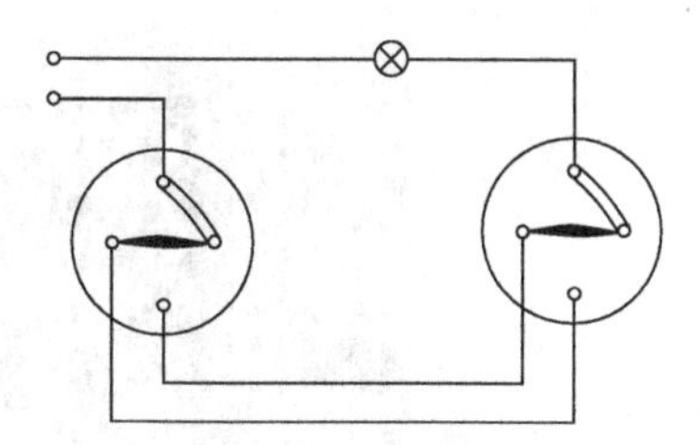
图 2-34　双联开关控制白炽灯接线原理

② 日光灯工作原理　灯管开始点燃时需要一个高电压，正常发光时只允许通过不大的电流，这时灯管两端的电压低于电源电压。灯管里面装入一些特殊的气体，又在灯管的管壁上涂上荧光粉，通电之后由于放电而产生光。图 2-35 为日光灯电路原理。

电感镇流器是一个铁芯电感线圈，电感的性质是当线圈中的电流发生变化时，则在线圈中将引起磁通的变化，从而产生感应电动势，其方向与电流的方向相反，因而阻碍着电流变化。

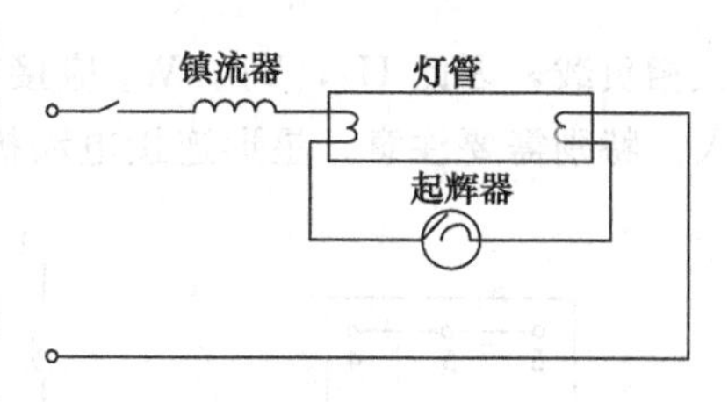

图 2-35　日光灯电路原理

起辉器在电路中起开关作用，它由一个氖气放电管与一个电容并联而成，电容的作用为消除对电源的电磁的干扰并与镇流器形成振荡回路，增加启动脉冲电压幅度。放电管中一个电极用双金属片组成，利用氖泡放电加热，使双金属片在开闭时，引起电感镇流器电流突变并产生高压脉冲加到灯管两端。

当日光灯接入电路以后，起辉器两个电极间开始辉光放电，使双金属片受热膨胀而与静触极接触，于是电源、镇流器、灯丝和起辉器构成一个闭合回路，电流使灯丝预热，当受热时间 1～3s 后，起辉器的两个电极间的辉光放电熄灭，随之双金属片冷却而与静触极断开，当两个电极断开的瞬间，电路中的电流突然消失，于是镇流器产生一个高压脉冲，它与电源叠加后，加到灯管两端，使灯管内的惰性气体电离而引起弧光放电，在正常发光过程中，镇流器的自感还起着稳定电路中电流的作用。

（4）三相异步交流电动机

① 三相异步电动机简介　三相异步电动机是典型的三相对称负载，其基本原理是通电后电动机定子绕组能在电动机转子周围产生一个旋转磁场，从而带动转子转动，将电能转化为机械能。图 2-36 为三相异步电动机结构图，图 2-37 为实物图。

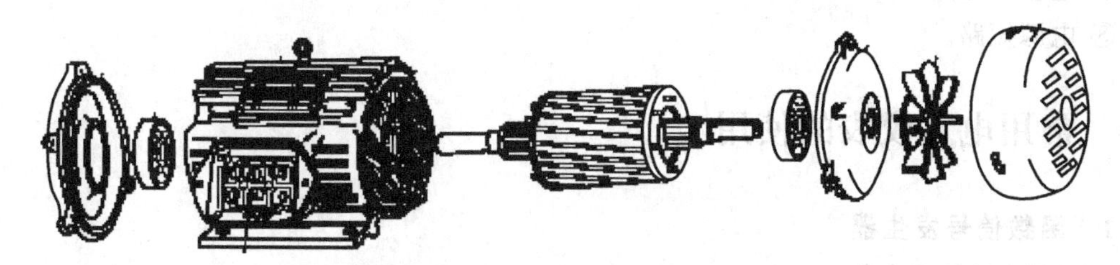
图 2-36　三相异步电动机结构图

② 三相异步电动机连接方式　三相异步电动机的定子绕组的连接方法有三角形连接法和星形连接法两种，如图 2-38 所示。以图 2-37 为例，由其铭牌数据可以看出其为星形连接

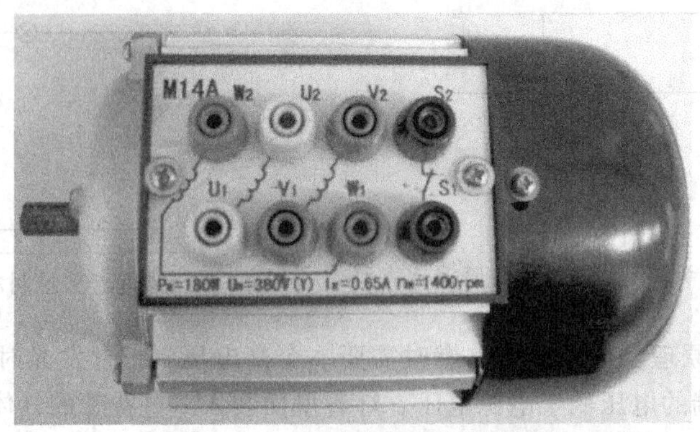

图 2-37 三相异步电动机实物图

三相负载，因此 U_2，V_2，W_2 应接在一起作为中性点，U_1，V_1，W_1 作为电动机的电源输入。特别需要注意，星形连接电动机不能接成三角形连接，否则可能会烧坏电动机。

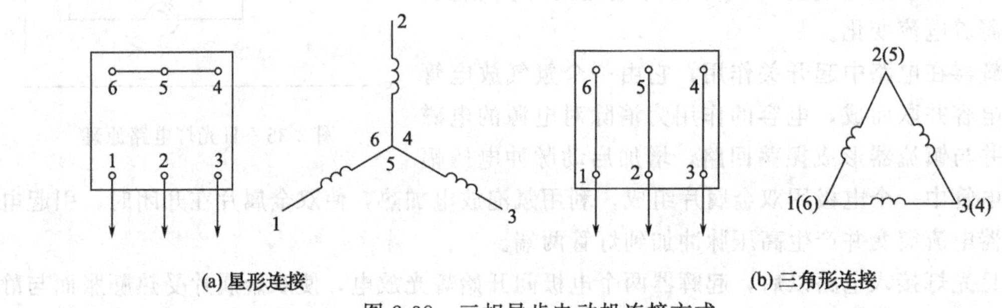

图 2-38 三相异步电动机连接方式

2.3.4 报警及复位

在实验过程中，不可避免的有时会出现电路接线不正确，电源短路，负载短路，测量范围超出电表量程等情况，为了保护实验者人身安全和设备安全，MEEL-I 型电工电子实验装置也设置了报警装置，一旦电路出现问题会报警，自动断开电路并发出蜂鸣声。此时就需要重新检查电路，改正电路错误再重新通电。报警的装置需要重新复位（按装置旁边的复位按钮）或重新合上开关才能重新工作。常见情况如下。

① 电压表和电流表超出其测量量程。

② 电流表短路。

③ 电源短路。

2.4 常用电工仪表的使用

2.4.1 函数信号发生器

（1）概述及技术参数

函数信号发生器是一种能发出多种频率与多种幅度波形的仪器。本书以 CA1640-20 型 20MHz 信号发生器为例进行介绍。CA1640-20 函数信号发生器是一种精密的测试仪器，具有连续信号、扫频信号、函数信号、脉冲信号等多种输出信号和外部扫频功能，是工程师、电子实验室、工业生产及教学、科研需配备的设备。整机采用大规模单片集成函数信号发生器电路及单片微机电路进行周期频率测量和智能化管理，优化设计电路，元件降额使用，以保证仪器的高可靠性，平均无故障时间高达数千小时。其技术参数如表 2-7 所示。

表 2-7　CA1640-20 函数信号发生器技术参数

<table>
<tr><th>项　目</th><th colspan="3">技 术 指 标</th></tr>
<tr><td>输出波形</td><td colspan="3">对称或非对称的正弦波、方波、三角波</td></tr>
<tr><td>扫频方式</td><td colspan="3">对数扫频、线性扫频、外部扫频</td></tr>
<tr><td>时基标称频率</td><td colspan="3">12MHz</td></tr>
<tr><td>外测频范围</td><td colspan="3">0.2Hz～20MHz</td></tr>
<tr><td>输出信号类型</td><td colspan="3">单频、调频</td></tr>
<tr><td>直流偏置</td><td colspan="3">范围：−5V～+5V</td></tr>
<tr><td>占空比</td><td colspan="3">20%～80%（1kHz 方波）</td></tr>
<tr><td colspan="4">输 出 功 率</td></tr>
<tr><td>输出电压</td><td colspan="3">$50V_{p-p}$　−3dB　(50Ω)</td></tr>
<tr><td>输出电流</td><td colspan="3">$1A_{p-p}$　(50Ω)</td></tr>
<tr><td rowspan="2">输出频率</td><td>方　波</td><td>正弦波</td><td>三角波</td></tr>
<tr><td>0.2Hz～30kHz</td><td colspan="2">0.2Hz～100kHz</td></tr>
<tr><td colspan="4">输出频率（预热 5min），稳定度±0.5%</td></tr>
<tr><td>CA1640-02
CA1640P-02</td><td colspan="3">0.2Hz～2MHz 按十进制分 7 挡</td></tr>
<tr><td>CA1640-20
CA1640P-20</td><td colspan="3">0.2Hz～20MHz 按十进制分 8 挡</td></tr>
<tr><td colspan="4">输 出 阻 抗</td></tr>
<tr><td>函数输出</td><td colspan="3">50Ω</td></tr>
<tr><td>TTL 同步输出</td><td colspan="3">600Ω</td></tr>
<tr><td colspan="4">输 出 幅 度</td></tr>
<tr><td rowspan="4">函数输出</td><td colspan="3">0dB　$1V_{p-p}$～$10V_{p-p}$　±10%（50Ω）</td></tr>
<tr><td colspan="3">20dB　$0.1V_{p-p}$～$1V_{p-p}$　±10%（50Ω）</td></tr>
<tr><td colspan="3">40dB　$10mV_{p-p}$～$100mV_{p-p}$　±10%（50Ω）</td></tr>
<tr><td colspan="3">60dB　$1mV_{p-p}$～$10mV_{p-p}$　±10%（50Ω）</td></tr>
<tr><td rowspan="2">$TTL_{输出}$</td><td colspan="3">“0”电平≤0.8V</td></tr>
<tr><td colspan="3">“1”电平≥3V</td></tr>
<tr><td colspan="4">输 出 波 形</td></tr>
<tr><td>正弦波</td><td colspan="3">失真<2%（输出幅度的 10%～90%）</td></tr>
<tr><td>三角波</td><td colspan="3">线度>99%</td></tr>
</table>

续表

项　目	技 术 指 标
输 出 波 形	
方波上升时间	CA1640-02，CA1640P-02≤100ns（1MHz）
	CA1640-20，CA1640P-20≤30ns（1MHz）
方波上冲、下塌	≤5%（10kHz，$5V_{P-P}$预热 10min）
电源电压	～220V
电源频率	50Hz
整机功耗	30W
外形尺寸	L×B×H：265×215×90（mm）
重　量	2kg
工作环境组别	Ⅱ组（0～+40℃）

（2）功能说明

前后面板如图 2-39 和图 2-40 所示，实物图如图 2-41 所示，功能表见表 2-8。

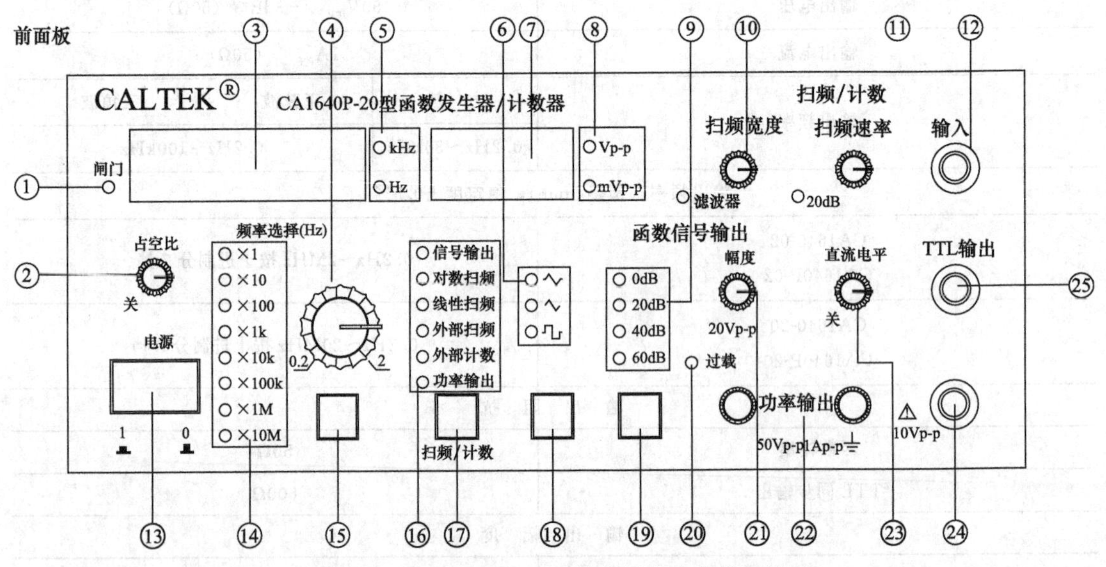

图 2-39　CA1640-20 型函数信号发生器前面板

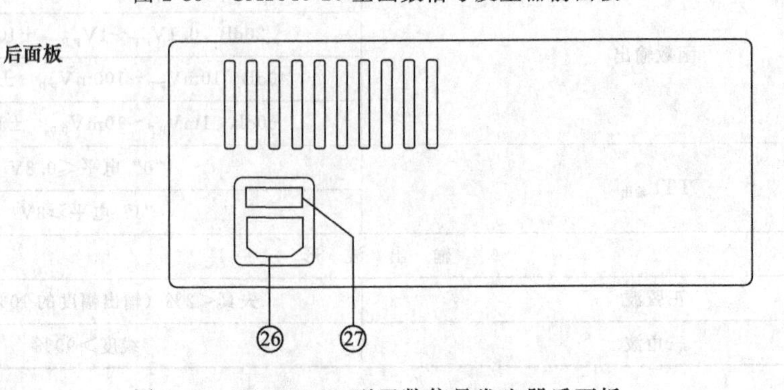

图 2-40　CA1640-20 型函数信号发生器后面板

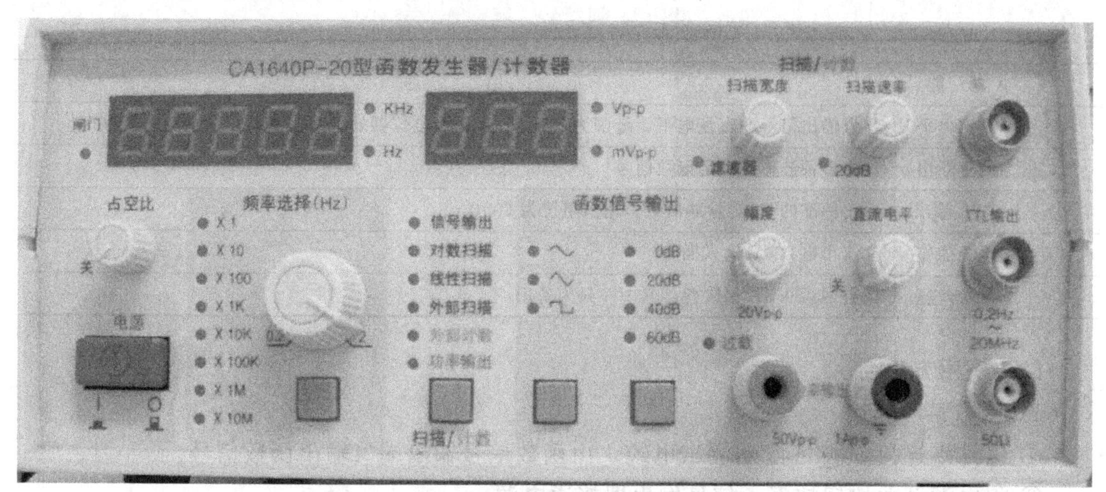

图 2-41　CA1640-20 型函数信号发生器实物图

表 2-8　CA1640-20 型函数信号发生器功能表

序号	功　能	用　　途
①	闸门	该灯每闪烁一次表示完成一次测量
②	占空比	改变输出信号的对称性，处于关位置时输出对称信号
③	频率显示	显示输出信号的频率或外测频信号的频率
④	频率细调	在当前频段内连续改变输出信号的频率
⑤	频率单位	指示当前显示频率的单位
⑥	波形指示	指示当前输出信号的波形状态
⑦	幅度显示	显示当前输出信号的幅度
⑧	幅度单位	指示当前输出信号幅度的单位
⑨	衰减指示	指示当前输出信号幅度的挡级
⑩	扫频宽度	调节内部扫频的时间长短，在外测频时，逆时针旋到底（指示灯㉖亮）则外输入测量信号经过滤波器（截止频率为 100kHz 左右）进入测量系统
⑪	扫频速率	调节被扫频信号的频率范围，在外测频时，当电位器逆时针旋到底（指示灯㉗亮），则外输入信号经过 20dB 衰减进入测量系统
⑫	信号输入	当第⑰项功能选择为“外部扫频”或“外部计数”时，外部扫频信号或外测频信号由此输入
⑬	电源开关	接入接通电源，弹出断开电源
⑭	频段指示	指示当前输出信号频率的挡级
⑮	频段选择	选择当前输出信号频率的挡级
⑯	功能指示	指示本仪器当前的功能状态
⑰	功能选择	选择仪器的各种功能
⑱	波形选择	选择当前输出信号的波形
⑲	衰减控制	选择当前输出信号幅度的挡级
⑳	过载指示	指示灯亮时，表示功率输出负载过重
㉑	幅度细调	在当前幅度挡级连续调节，范围为 20dB
㉒	功率输出	信号经过功率放大器输出

续表

序号	功　能	用　　途
㉓	直流电平	预置输出信号的直流电平，范围为－5～＋5V，当电位器处于关位置时，则直流电平为0V
㉔	信号输出	输出多种波形受控的函数信号
㉕	TTL输出	输出标准的TTL脉冲信号，输出阻抗为600Ω
㉖	电源插座	交流市电220V输入插座
㉗	保险丝座	内有两只0.5A保险丝，其中一只为备用

(3) 使用方法

1) 函数信号输出

① 以终端连接50Ω匹配器测试电缆，由函数信号输出端㉔输出函数信号。

② 将电源开关按钮按下，信号发生器接通电源。

③ 由频段选择按钮⑭选定输出函数信号的频段，由频率细调旋钮⑮调整输出信号频率，直到所需的工作频率值。

④ 由波形选择按钮调节函数信号输出幅度调节旋钮㉑调节输出信号的幅度。

⑤ 调节占空比调节旋钮②选择当前输出信号的波形，可获得正弦波、三角波、脉冲波。

⑥ 调节占空比旋钮，使之输出需要的波形。

2) 内扫描信号输出

① 功能选择按钮⑯选定为内扫描方式。

② 由输入信号插座⑫输入相应的控制信号，即可得到相应的受控扫描信号。

3) 外扫描信号输出

① 功能选择按钮⑯选定为外扫描方式。

② 由输入信号插座⑫输入相应的控制信号，即可得到相应的受控扫描信号。

4) 外测频功能检测

① 功能选择按钮⑯选定为“外计数方式”。

② 用本机提供的测试电缆，将函数信号引入输入插座⑫，观察显示频率与“内”测量频率相同。

2.4.2 万用表

万用表是一种能够测量直流电压、交流电压、电流、电阻、二极管、晶体管的仪器，本文以VC9807A型万用表为例，介绍万用表的使用方法，实物图如图2-42所示。

(1) 直流电压、交流电压的测量

先将黑表笔插入COM插孔，红表笔插入V/Ω插孔，然后将功能开关置于DCV（直流）或ACV（交流）量程，并将测试表笔连接到被测源两端，显示器将显示被测电压值。如果显示器只显示“1”，表示超量程，应将功能开关置于更高的量程（下同）。

(2) 直流电流、交流电流的测量

先将黑表笔插入COM插孔，红表笔需视被测电流的大小而定。如果被测电流最大为2A，应将红表笔插入A孔；如果被测电流最大为20A，应将红表笔插入20A插孔。再将功能开关置于DCA或ACA量程，将测试表笔串联接入被测电路，显示器即显示被测电流值。

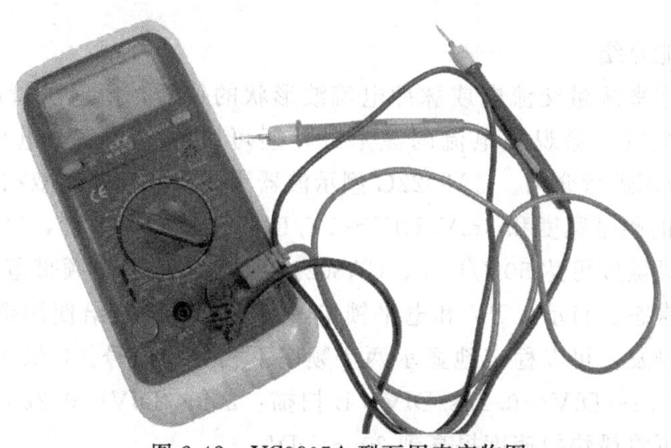

图 2-42　VC9807A 型万用表实物图

（3）电阻的测量

先将黑表笔插入 COM 插孔，红表笔插入 V/Ω 插孔（注意：红表笔极性此时为“+”，与指针式万用表相反），然后将功能开关置于 OHM 量程，将两表笔连接到被测电路上，显示器将显示出被测电阻值。

（4）二极管的测试

先将黑表笔插入 COM 插孔，红表笔插入 V/Ω 插孔，然后将功能开关置于二极管挡，将两表笔连接到被测二极管两端，显示器将显示二极管正向压降值。当二极管反向时则过载。

根据万用表的显示，可检查二极管的质量及鉴别所测量的管子是硅管还是锗管 。

① 测量结果若在 1V 以下，红表笔所接为二极管正极，黑表笔为负极。

② 测量显示若为 550～700mV 者为硅管；150～300mV 者为锗管。

③ 如果两个方向均显示超量程，则二极管开路；若两个方向均显示 0V，则二极管击穿、短路。

（5）晶体管放大系数 h_{FE} 的测试

将功能开关置于 h_{FE} 挡，然后确定晶体管是 NPN 型还是 PNP 型，并将发射极、基极、集电极分别插入相应的插孔。此时，显示器将显示出晶体管的放大系数 h_{FE} 值。

① 基极判别。将红表笔接某极，黑表笔分别接其它两极，若都出现超量程或电压都小，则红表笔所接为基极；若一个超量程，一个电压小，则红表笔所接不是基极，应换脚重测。

② 管型判别。在上面测量中，若显示都超量程，为 PNP 管；若电压都小（0.5～0.7V），则为 NPN 管。

③ 集电极、发射极判别。用 h_{FE} 挡判别。在已知管子类型的情况下（此处设为 NPN 管），将基极插入 B 孔，其他两极分别插入 C、E 孔。若结果为 $h_{FE}=1\sim10$（或十几），则三极管接反了；若 $h_{FE}=10\sim100$（或更大），则接法正确。

（6）带声响的通断测试

先将黑表笔插入 COM 插孔，红表笔插入 V/Ω 插孔，然后将功能开关置于通断测试挡（与二极管测试量程相同），将测试表笔连接到被测导体两端。如果表笔之间的阻值低于约 30Ω，蜂鸣器会发出声音。

2.4.3 示波器

(1) 结构及功能介绍

示波器是一种用来测量交流电或脉冲电流波形状的仪器，由电子管放大器、扫描振荡器、阴极射线管等组成。除观测电流的波形外，还可以测定频率、电压强度等。本书以CA8022G20MHz为例进行介绍。CA8022G型示波器为便携式双通道双扫描示波器；垂直系统具有0～20MHz的频带宽度和5mV/DIV～5V/DIV的偏转灵敏度，×5能达1mV/DIV，配以10∶1探极，灵敏度可达50V/DIV。CA8022G型示波器在全频带范围内可获得稳定触发，触发方式设有常态、自动、TV和电平锁定，尤其电平锁定给使用带来了极大的方便；内触发设置了交替触发，可以稳定地显示两个频率不相关的信号。CA8022G型示波器水平系统具有A扫描：0.2s/DIV～0.2μs/DIV，B扫描：20ms/DIV～0.2μs/DIV的扫描速度，并设有扩展×10，可将最快扫速度提高到20ns/DIV。

CA8022G型示波器显示观察面为80mm×100mm，光迹清晰、明亮，是一台全功能宽频带示波器，广泛应用于工业、教育、科研、医疗等各个领域。

其实物图如图2-43所示。主要功能见表2-9。

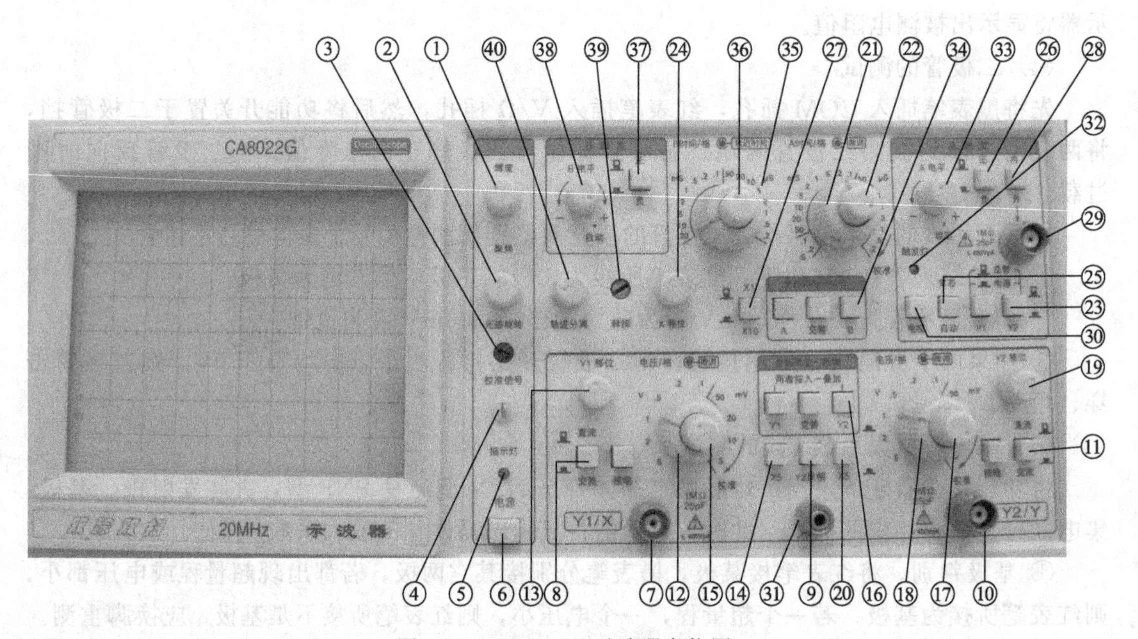

图 2-43 CA8022G示波器实物图

表 2-9 CA8022G示波器功能介绍

详细介绍	双踪四线20MHz示波器
	峰-峰值自动功能：无需通过复杂触发电平调整即可观测到稳定波形
	交替触发：即当通道1及通道2输入信号频率不同时，也能确保两个通道同时获得稳定波形
	双踪四线交变功能：能同时显示双踪水平的×1和×10信号
	释抑功能：方便观察复杂信号

续表

功能描述	有效工作面（示波管）	8×10DIV 1DIV=10mm
	加速电压（示波管）	+2kV
	发光颜色（示波管）	绿色
	灵敏度（*Z* 轴输入）	5V
	输入极性（*Z* 轴输入）	低电平加亮
	频率范围（*Z* 轴输入）	DC：0～1MHz
	输入电阻（*Z* 轴输入）	10kΩ
	最大输入电压（Z 轴输入）	50V（DC+ACpeak）
	带宽（−3dB）（垂直系统）	DC：0～20MHz AC：10Hz～20MHz
	方式（垂直系统）	CH1、CH2、ALT、CHOP、ADD
	输入阻抗（垂直系统）	1MΩ±3% 25pF±5pF
	输入耦合（垂直系统）	DC-GND-AC
	极性反转（垂直系统）	仅 CH2
	最大输入电压（垂直系统）	400V（DC+ACpeak）
	偏转因数（垂直系统）	5mV/DIV-5V/DIV±3%
	微调比（垂直系统）	2.5∶1
	时间因数（水平系统）	0.5s/DIV～0.2μs/DIV±3%
	微调比（水平系统）	2.5∶1
	方式（触发系统）	AUTO、NORM、TV、P-P AUTO
	触发源（触发系统）	INT（CH1、CH2、VERT MODE）、LINE、EXT
	斜率（触发系统）	正或负
	触发灵敏度（触发系统）	INT：1DIV，EXT：0.3V，VERT MODE：2DIV，P-P AUTO：2DIV
	TV（触发系统）	2DIV
	最大输入电压（触发系统）	160V（DC+ACpeak）外触发输入
	输入阻抗（触发系统）	1MΩ±3% 25pF±5pF
	偏转因数（X-Y 工作）	同垂直系统
	带宽（−3dB）（X-Y 工作）	DC：0～1MHz AC：10Hz～1MHz
	相位差（X-Y 工作）	≤3°（DC：0～50kHz）
	探极校准（校准源）	1kHz±2% 0.5Vp-p±2%对称方波
	电压范围（电源）	220V±10%
	频率（电源）	50Hz±2Hz
	最大功耗（电源）	40W

（2）操作说明

CA8022G 示波器前面板控制件见图 2-43，各控件详细说明见表 2-10。

表 2-10 CA8022G 示波器各控件说明

序号	控制件名称	功　能
①	亮度（INTENSITY）	调节光迹的亮度
②	聚焦（FOCUS）	调节光迹的清晰度
③	迹线旋转（ROTATION）	调节光迹与水平划度刻线平行
④	探极校正信号（CAL）	提供幅度为 0.5V，频率为 1kHz 的方波信号用于校正 10：1 探极的补偿电容
⑤	电源指示（POWER INDCATOR）	电源接通时，灯亮
⑥	电源开关（POWER）	电源接通或断开
⑦	Y1 OR X	被删信号的输入插座
⑧	耦合方式（AC-DC-GND）	用于选择被测信号输入垂直通道的耦合方式
⑨	Y2 INVERT	在 ADD 方式时，使 Y1＋Y2 或 Y1－Y2
⑩	Y2 OR Y	被测信号的输入插座
⑪	耦合方式（AC-DC-GND）	用于选择被测信号输入垂直通道的耦合方式
⑫	衰减开关（VOLTS / DIV）	调节垂直偏转灵敏度 Y1
⑬	Y1 移位（POSITION）	调节通道 1 光迹在屏幕上的垂直位置
⑭	Y1×5	按入时 Y1 灵敏度为 1mV/DIV
⑮	微调（VAR）	用于连续调节 Y1 垂直偏转灵敏度，顺时针旋足为校准
⑯	垂直方式（VERT MODE）	Y1 或 Y2：通道 1 或通道 2 单独显示 ALT：两个通道交替显示 ALL UP CHOP：三只开关全弹出，两通道断续显示，用于扫速较慢时的双踪显示 BOTH IN ADD：Y1 和 Y2 同时按入，显示两通道的代数和或差
⑰	微调（VAR）	用于连续调节 Y2 垂直偏转灵敏度，顺时针旋足为校准
⑱	衰减开关（VOLTS / DIV）	调节垂直偏转灵敏度 Y2
⑲	Y2 移位（POSITION）	调节通道 2 光迹在屏幕上的位置
⑳	Y2×5	按入时 Y2 灵敏度为 1mV/DIV
㉑	A 扫描开关（SEC/DIV）	用于调节 A 扫描速度
㉒	微调（VAR）	用于连续调节扫描速度，顺时针旋足为校准
㉓	A 内触发源选择	Y1 按入为 Y1 触发，Y2 按入为 Y2 触发，二者一起按入为垂直方式（VERT）交替触发，二者一起弹出为电源触发（LINE）
㉔	水平移位（POSITION）	调节迹线在屏幕上的水平位置
㉕	A 触发 / 自动扫描选择源选择	弹出为常态（NORM）状态，按入为自动状态（AUTO）
㉖	触发极性（SLOPE）	用于选择信号的上升或下降沿触发扫描
㉗	水平扩展 ×10	按入时扫描速度被扩展 10 倍
㉘	触发源选择	INT（内），EXT（外）

续表

序号	控制件名称	功 能
㉙	外触发输入（EXT INPUT）	外触发输入插座
㉚	A电视场扫描选择	弹出为常态（无作用），按入为电视场扫描（TV）
㉛	接地插孔	用于与被测信号源共地（热底板仪器不可直接共地）
㉜	触发指示（TRIG'D）	在触发扫描时，灯亮
㉝	A电平（A LEVEL）	用于调节被测信号在某一电平触发扫描，当顺时针旋足为锁定（LOCK），A触发电平被限制在信号幅度之内（电平无需调节，信号即能自动同步）
㉞	水平方式开关 （HORIZONTAL MODE）	A：A扫描工作，其扫速由A SEC / DIV开关来确定 B：B扫描工作，其扫速由B SEC / DIV开关来确定 ALT：A扫描和被延迟的B扫描交替显示，并在A扫描轨迹上有一个B扫描的加亮区 全部弹出：X-Y工作方式，即Y1为X，Y2为Y
㉟	B时间／度（B SEC / DIV）	用于选择A扫描速度，当工作在双扫描时，B扫描（建立在A扫描基础上的）通常应比A扫描快3个挡级（也不可相差太多，否则会有闪烁感或辉度太暗）
㊱	B延迟时间（B DELY TIME）	选择A扫描起点和B扫描起点之间的延迟时间
㊲	B触发极性（B SLOPE）	用于选择B触发信号的上升或下降沿
㊳	B电平（B LEVEL）	用于选择B扫描在被测信号上的位置，当顺时针旋足，B扫描紧跟延迟时间立即扫描，延迟时间由A SEC / DIV扫速开关和B延迟时间位置来决定
㊴	释抑时间（HOLDOFF）	用于改变扫描结束后释抑期的时间，用以同步周期性的复杂信号
㊵	轨迹分离（TRAC SEP）	双扫描状态时，调节B扫描的垂直位置

2.4.4 兆欧表

（1）结构和工作原理

兆欧表是一种测量电器设备及电路绝缘电阻的仪表，其外形如图2-44（a）所示。主要包括三个部分：手摇直流发电机（或交流发电机加整流器）、磁电式流比计、接线桩（L、E、G）。

兆欧表的工作原理如图2-44（b）所示。被测电阻R_x接于兆欧表测量端子“线端”L与“地端”E之间。摇动手柄，直流发电机输出直流电流。线圈1、电阻R_1和被测电阻R_x串联，线圈2和电阻R_2串联，然后两条电路并联后接于发电机电压U上。设线圈1电阻为r_1，线圈2电阻为r_2，则两个线圈上电流分别是

$$I_1=\frac{U}{r_1+R_1+R_x}$$

$$I_2=\frac{U}{r_2+R_2}$$

$$\frac{I_1}{I_2}=\frac{r_2+R_2}{r_1+R_1+R_x}$$

式中，r_1、r_2、R_1 和 R_2 为定值；R_x 为变量，所以改变 R_x 会引起比值 I_1/I_2 的变化。由于线圈 1 与线圈 2 绕向相反，流入电流 I_1 和 I_2 后在永久磁场作用下，在两个线圈上分别产生两个方向相反的转矩 T_1 和 T_2，由于气隙磁场不均匀，因此 T_1 和 T_2 既与对应的电流成正比又与其线圈所处的角度有关。当 $T_1 \neq T_2$ 时，指针发生偏转，直到 $T_1 = T_2$ 时，指针停止。指针偏转的角度只决定于 I_1 和 I_2 的比值，此时指针所指的是刻度盘上显示的被测设备的绝缘电阻值。

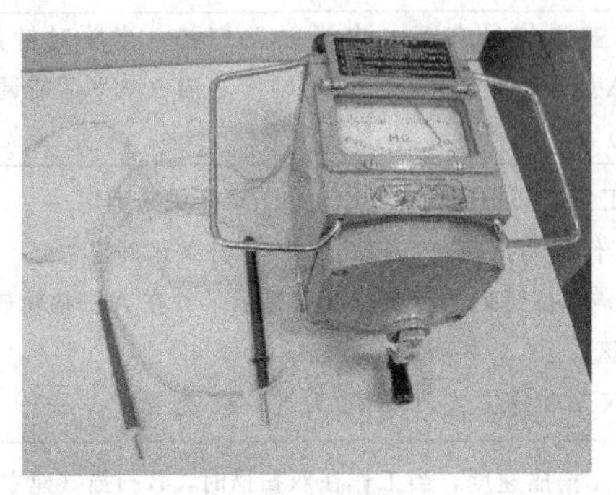

(a) 外形

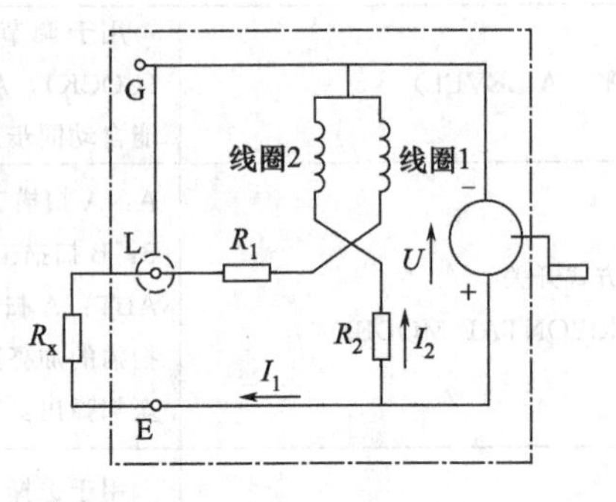

(b) 工作原理

图 2-44　兆欧表的外形和工作原理示意图

当 E 端与 L 端短接时，I_1 为最大，指针顺时针方向偏转到最大位置，即“0”位置；当 E、L 端未接被测电阻时，R_x 趋于无限大，$I_1 = 0$，指针逆时针方向转到“∞”的位置。该仪表结构中没有产生反作用力矩的游丝，在使用之前，指针可以停留在刻度盘的任意位置。

(2) 兆欧表的使用

1) 测量前的检查

① 检查兆欧表是否正常。

② 检查被测电气设备和电路，看是否已切断电源。

③ 测量前应对设备和线路进行放电，减少测量误差。

2) 使用方法

① 将兆欧表水平放置在平稳牢固的地方，

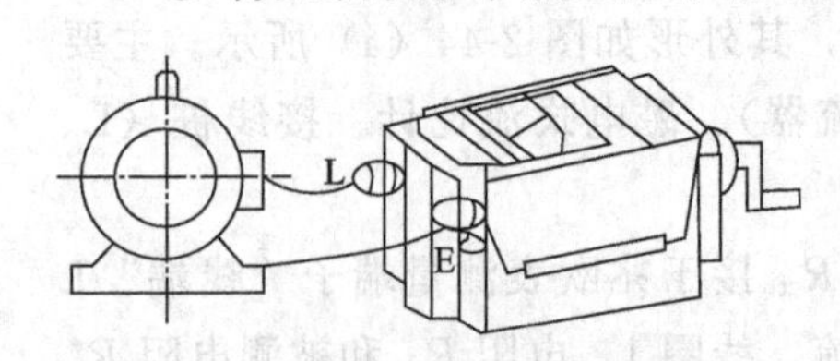

图 2-45　兆欧表测量电动机绝缘电阻的接线图

② 正确连接线路。兆欧表有三个接线柱：线路（L）、接地（E）、屏蔽（G）。根据不同测量对象，作相应接线，如图 2-45 所示。测量线路对地绝缘电阻时，E 端接地，L 端接于被测线路上；测量电机或设备绝缘电阻时，E 端接电动机或设备外壳，L 端接被测绕组的一端；测量电动机或变压器绕组间绝缘电阻时先拆除绕组间的连接线，将 E、L 端分别接于被测的两相绕组上；测量电缆绝缘电阻时 E 端接电缆外表皮（铅套）上，L 端接线芯，G 端接芯线最外层绝缘层上。

③ 摇动手柄，转速控制在 120r/min 左右，允许有±20%的变化，但不得超过 25%。摇动 1min 后，待指针稳定下来再读数。

④ 兆欧表未停止转动前，切勿用手触及设备的测量部分或摇表接线柱。

⑤ 禁止在雷电时或附近有高压导体的设备上测量。

⑥ 应定期校验，检查其测量误差是否在允许范围以内。

（3）兆欧表的选用

选用兆欧表主要考虑它的输出电压及测量范围。兆欧表的额定电压应根据被测电气设备的额定电压来选择。测量500V以下的设备，选用500V或1000V的兆欧表；额定电压在500V以上的设备，应选用1000V或2500V的兆欧表；对于绝缘子、母线等要选用2500V或3000V兆欧表。表2-11为兆欧表选择举例

表2-11　兆欧表选择举例

被测对象	被测设备或线路额定电压	选用的摇表/V
线圈的绝缘电阻	500V以下	500
	500V以上	1000
电动机绕组绝缘电阻	500V以下	1000
变压器、电动机绕组绝缘电阻	500V以上	1000～2500
电气设备和电路绝缘	500V以下	500～1000
	500V以上	2500～5000

2.5　测量数据处理

（1）准确度与精密度

准确度是指测量结果与被测量真值的接近程度，反映系统误差的影响程度。精密度是指在重复测量同一系统中所得结果相一致的程度，反映随机误差的影响程度。

（2）有效数字

如用100mA量程的电流表测量某支路中的电流，读数为78.4mA，则“78”是准确、可靠的“可靠数字”，而数字“4”是估读的“欠准数字”，两者合起来称为“有效数字”。它是三位有效数字，如果对其运算，其结果也应保留三位有效数字。又如184mA与0.184A都是三位有效数字，只不过单位不同。

有效数字是按测试要求确定的，只应有一位（最后一位）欠准数字。但小数点后的“0”不能随意省略。例如：电阻值15.00Ω与15Ω，前者小数点后第二位“0”是欠准数字，而后者“5”即欠准数字（可能14Ω～16Ω）。

（3）有效数字处理与运算

① 对有效数字的取舍原则为四舍五入化整规则。如取三位有效数字

16.24→16.2（小于5舍）

16.25→16.2（等于5取偶）

16.15→16.2（等于5取偶）

16.26→16.3（大于5入）

② 对有效数字的加减运算：以小数点后面位数最少的那个数为标准，将其他数进行处理，小数点后面的位数仅比标准数多保留一位，最后结果要处理为标准位数。如

111.2（标准）＋0.888＋2.35＝？ —处理为→ 111.2（标准）＋0.89（多保留一位）＋2.35＝（114.44）＝114.4（化为标准位数）

③ 有小数字的乘除运算：以其有效数字最少的那个数为标准，对其他数进行处理，处理到比该数多一位有效数字时，再进行运算。

(4) 测量数据的读取

① 测量仪表要先预热和调零（有些不必）。

② 选择适当的仪表及合适的量程。

③ 正确读取数据。

④ 当仪表指针在两刻度线之间时，应估读一位欠准数字。

(5) 曲线绘制与修补

有些测量的目的是在有限次测量所得到的数据基础上拟合得到某些量之间的关系曲线。简单地将这些数据点（有误差）连成一条折线是不行的，必须对其进行处理，即将曲线修补均匀。但数据点必须足够；纵、横坐标分度比例适当；当变量范围很宽时，可考虑采用对数坐标；取数据组几何中心连接成光滑而无斜率突变的曲线。

2.6 测量数据误差分析

(1) 误差的表示方法

误差的表示方法有绝对误差、相对误差表示法。

① 绝对误差：被测量的测量结果 A' 与其真值 A 之差即为绝对误差 ΔA

$$\Delta A = A' - A$$

绝对误差 ΔA 的大小、单位，反映的是测量结果与真值的偏差程度，但不能反映测量的准确程度。

② 相对误差：绝对误差 ΔA 与真值 A 之比的百分数即相对误差。

$$a = \frac{\Delta A}{A} \times 100\%$$

相对误差反映了测量的准确度。

(2) 误差的分类

误差按其性质可分为三类。

① 系统误差：在相同条件下，多次测量同一量时，误差的绝对值保持恒定或遵循一定规律变化的误差。产生系统误差的主要原因有：仪器误差、使用误差、外界影响误差及方法理论误差。消除系统误差主要从消除误差源着手，其次可采用修正值。

② 随机误差：在相同条件进行多次测量，每次测量结果出现无规则的随机性变化的误差。随机误差主要由外界干扰等原因引起，可以采用多次测量取算术平均值的方法来消除随机误差。

③ 粗大误差：在一定条件下，测量结果明显偏高真值所对应的误差，称为粗大误差。产生粗大误差的原因有：读错数、测量方法错误、测量仪器有缺陷等，其中人身误差是主要的。这可由解决测量者本身技术问题来解决。

(3) 误差来源

① 仪表误差：由于仪表仪器本身及附件的电气和机械性能不完善而引入的误差。如仪表仪器零件位置安装不正确，刻度不完善等。这是仪表固有误差。

② 参数误差：由于所使用的元器件精度问题，其标定参数值与实际参数值不符或由于器件老化导致参数变化，由此产生的误差即参数误差。减小此类误差的方法是精选器件和对器件进行老化处理。

③ 使用误差：由于仪器的安装、布置、调节和使用不当等所造成的误差。如把要求水平放置的仪器垂直放置、接线太长、未按阻抗匹配连接、接地不当等都会产生使用误差。减小这种误差的方法是严格按照技术规程操作，提高实验技巧和对各种现象的分析能力。

④ 影响误差：由于受外界温度、湿度、电磁场、机械振动、光照、放射性等影响而造成的误差。

⑤ 人身误差：由于测量者的分辨能力、工作习惯等原因引起的误差。对于某些借助人耳、人眼来判断结果的测量以及需要进行人工调谐等的测量工作，均会产生人身误差。

⑥ 方法和理论误差：由于测量方法或仪器仪表选择不当所造成的误差称为方法误差。测量时，依据的理论不严格或用近似公式、近似值计算等造成的误差称为理论误差。

第3章 电工技术实验

3.1 实验一：常用电子仪器的使用

(1) 实验目的

① 熟练掌握示波器的使用方法，学会用示波器观察信号波形，测试信号的幅值，测试信号周期或频率。

② 熟练掌握交流毫伏表的使用方法，学会用其测试未知信号的电压，熟悉其测量范围及使用注意事项。

③ 熟练掌握低频信号发生器的使用方法，学会用其输出一定频率和幅值的信号，会调节信号的频率和幅值的大小。

(2) 实验仪器

① 函数信号发生器；

② 交流毫伏表；

③ 双踪示波器。

(3) 实验原理

1) 函数信号发生器　函数信号发生器主要由信号产生电路、信号放大电路等部分组成。可输出正弦波、方波、三角波三种信号波形。输出信号电压幅度可由输出幅度调节旋钮进行调节，输出信号频率可通过频段选择及调频旋钮进行调节。

使用方法：首先打开电源开关，通过“波形选择”开关选择所需信号波形，通过“频段选择”找到所需信号频率所在的频段，配合“调频”旋钮，找到所需信号频率。通过“调幅”旋钮得到所需信号幅度。

2) 交流毫伏表

① 交流毫伏表结构及使用方法。交流毫伏表是一种用于测量正弦电压有效值的电子仪器。主要由分压器、交流放大器、检波器等部分组成。电压测量范围为1mV～300V，分十个量程。

使用方法：将“测量范围”开关放到最大量程挡（300V）接通电源；将输入端短路，使“测量范围”开关置于最小挡（10mV），调节“零点校准”使电表指示为0；去掉短路线接入被测信号电压，根据被测电压的数值，选择适当的量程，若事先不知被测电压的范围，应先将量程放到最大挡，再根据读数逐步减小量程，直到合适的量程为止；用完后，应将选择“测量范围”开关放到最大量程挡，然后关掉电源。

② 毫伏表的使用注意事项如下。

a. 不要超过其电压的测量范围。

b. 应正确地选择量程。如果事先无法知道交流电压的大致范围，就应从最大量程挡位开始试测，再向小量程转换。

c. 接通电源后应先调零。在量程转换后，也应该进行这种调零操作。

d. 由于毫伏表灵敏度较高，使用时接地点必须良好，与其他仪器一同使用时应正确共地。共地点接触不良或不正确都会影响测量效果。

e. 读数时，应注意量程开关的位置读不同的刻度线。

f. 为了毫伏表的使用安全，操作时一般要求：在开电源之前，应检查其量程范围是否在最高电压挡，如果不是最高挡应将其设置为最高挡量程上；关电源之前，应将其量程挡位开关打到最大处；接入测量电压时，应注意先将地线接上，然后再接上信号线；在断开测量电压时，则应先拆除信号线，然后再拆除地线；在接线和拆线时，应注意将量程开关打到较大的挡位上。

③ 交流毫伏表与万用表的交流电压挡的区别如下。

a. 万用表只是一种便携式仪表，它强调多用途，不太强调测量的精度，它上面设置的交流电压测量主要是用于测量电网工频电压，所以它不适合实验室里的其他频率交流信号电压的测量。

b. 晶体管交流毫伏表对交流电压的测量，主要是在实验室时对各种频率的交流信号电压进行测量，所以它的量程设置从毫伏到伏的数量级都有，它的测量精度比万用表高得多，对电网工频电压的测量一般不使用交流毫伏表去测量。

3）示波器　示波器是一种用来观测各种周期性变化电压波形的电子仪器，可用来测量其幅度、频率、相位差等。一个示波器主要由示波管、垂直放大器、水平放大器、锯齿波发生器、衰减器等部分组成。

使用方法：打开电源开关，适当调节垂直（↕）和水平（↔）移位旋钮，将光点或亮线移至荧光屏的中心位置。观测波形时，将被观测信号通过专用电缆线与 CH 1（或 CH2）输入插口接通，将触发方式开关置于“自动”位置，触发源选择开关置于“内”，改变示波器扫速开关及 y 轴灵敏度开关，在荧光屏上显示出一个或数个稳定的信号波形。

（4）实验内容

① 从函数信号发生器输出频率分别为：200Hz、1kHz、2kHz、10kHz、20kHz、100kHz（峰-峰值为 1V）的正弦波、方波、三角波信号，用示波器观察并画出波形。

② 从函数信号发生器输出频率分别为 200Hz、1kHz、2kHz、10kHz，幅值分别为 100mV 和 200mV（有效值）的正弦波信号。用示波器和交流毫伏表进行参数的测量并填入表 3-1。

表 3-1　示波器、信号发生器、交流毫伏表参数测量

信号频率	信号电压 毫伏表读数/mV	示波器测量值			
		峰-峰值	有效值	周期/ms	频率/Hz
200Hz	100				
	200				
1kHz	100				
	200				
2kHz	100				
	200				
10kHz	100				
	200				

③ 测量两信号的相位差。测量相位差可用双踪测量法，也可用 x-y 测量法。

a. 双踪测量法。双踪测量法的仪器连线如图 3-1（a）所示。示波器的显示方式切换开关“MODE”选择“CHOP”。将 $f=1\text{kHz}$、幅度 $U_m=2\text{V}$ 的正弦信号经过 RC 移相网络获得同频率不同相位的两路信号，分别加到示波器的 CH1 和 CH2 输入端，然后分别调节示波器的 CH1、CH2“位移”旋钮、“垂直灵敏度 V/div”旋钮及其“微调”旋钮，就可以在屏幕上显示出如图 3-1（b）所示的两个高度相等的正弦波。为了显示波形稳定，应将“内部触发信号源选择开关”选在 CH2 处，使内触发信号取自 CH2 的输入信号，这样便于比较两信号的相位。

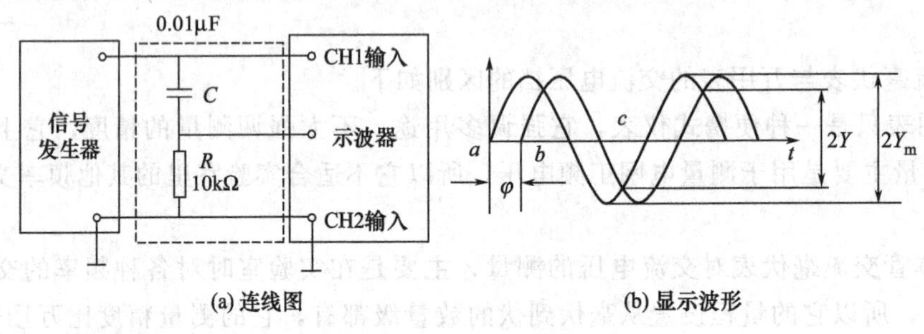

图 3-1 双踪测量法测量相位

双踪测量法测量信号相位差的方法为：从图 3-1（b）显示图形读出 ac 和 ab 的长度（格数），根据 $ac:360°=ab:\varphi$，可求得两信号的相位差为

$$\varphi=\frac{ab}{ac}\times 360°$$

将测量结果记入表 3-2 中。

表 3-2 双踪测量法测量结果 1

信号周期长度（ac 格数）	信号相位差长度（ab 格数）	相位差/(°)

由显示图形读出 Y 和 Y_m 的格数，则两信号的相位差为

$$\varphi=2\arctan\sqrt{\left(\frac{Y_m}{Y}\right)^2-1}$$

将测量结果记录于表 3-3 中，并画出波形图。分析测量值与理论值的误差原因。

表 3-3 双踪测量法测量结果 2

波形高度 Y_m（格数）	两交点间垂直距离 Y（格数）	相位差/(°)

b. x-y 测量法（选做）。将示波器“扫描速度开关”调至“x-y”位置，即可进行测量，这时示波器成为 x-y 工作方式，CH1 为 x 信号通道，CH2 为 y 信号通道。x-y 测量法的连接如图 3-1（a）所示，输入信号仍为 $f=1\text{kHz}$、$U_m=2\text{V}$ 的正弦信号。

经过 RC 移相网络获得同频不同相的两路信号，一路加入到示波器 CH1 的输入端，一路加入到示波器 CH2 的输入端。调节“位移”“垂直轴电压灵敏度”旋钮，使示波器荧光屏上显示出图 3-2 所示的椭圆图形。由图形直接读出 Y 和 Y_m 所占的格数，则两信号的相位差为

$$\varphi=\arcsin\left(\frac{Y}{Y_m}\right)$$

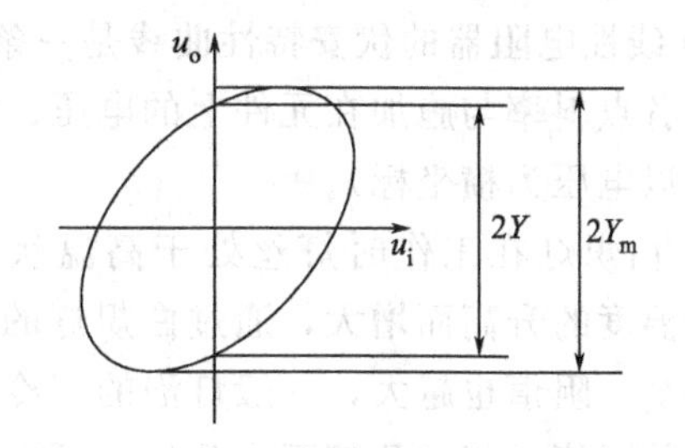

图 3-2　用椭圆截距法测量相位差时显示的图形

将测量结果记录于表 3-4 中。

表 3-4　用椭圆截距法测量相位

椭圆高度 Y_m（格数）	在 y 轴的截距 Y（格数）	相位差/(°)

④ 注意事项

a. 函数信号的输出端不能短接。

b. 注意仪器要“共地”连接。

（5）预习思考题

① 用示波器观察信号发生器的波形时，测试线上的红夹子和黑夹子应如何连接？

② 晶体管毫伏表测量的电压是正弦波有效值还是峰值？

（6）实验报告要求

① 根据实验记录，列表整理实验数据及描绘移相器电路输入、输出波形。

② 回答实验中提出的思考题。

③ 总结用示波器测量信号电压的幅值、频率和两个同频率信号相位差的步骤和方法。

④ 根据实验体会，总结示波器在调节波形、周期和波形稳定时，各自应调节哪些旋钮。

3.2　实验二：电路元件伏安特性的测绘

（1）实验目的

① 学习元件伏安特性曲线的测试方法。

② 了解几种线性和非线性元件的伏安特性曲线。

（2）实验仪器

① 万用表；

② 直流数字毫安表；

③ 直流稳压电源 1 台；

④ 直流数字电压表。

（3）实验原理

任一二端元件的特性可用该元件上的端电压 U 与通过该元件的电流 I 之间的函数关系 $U=f(I)$ 来表示电阻，即用 U-I 平面上的一条曲线来表征，这条曲线称为该电阻元件的伏安特性曲线。下面是几个常用元件的电压电流关系曲线。

① 线性电阻器的伏安特性曲线是一条通过坐标原点的直线，如图 3-3 中 a 所示，该特性曲线各点斜率与施加在元件上的电压、电流的大小和方向无关，其斜率等于该电阻器的电阻值（以电压为横坐标）。

② 白炽灯在工作时灯丝处于高温状态，其灯丝电阻随着温度的升高而增大，通过白炽灯的电流越大，其温度越高，阻值也越大，一般灯泡的"冷电阻"与"热电阻"的阻值可相差几倍至十几倍，所以它的伏安特性如图 3-3 中 b 曲线所示。

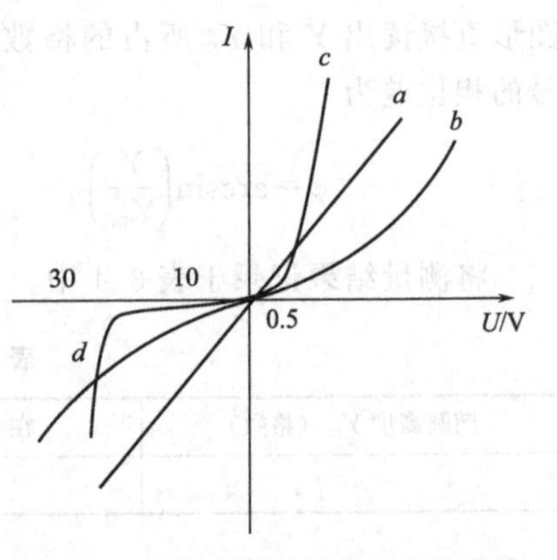

图 3-3　二端电阻元件伏安特性曲线

③ 半导体二极管是非线性电阻元件，正向压降很小（一般的锗管为 0.2～0.3V，硅管为 0.5～0.7V），正向电流随正向电压增加而急剧上升；其反向电流随电压增加很小，可视为零。可见，二极管具有单向导电性，其特性如图 3-3 中 c 曲线所示。

④ 稳压二极管是一种特殊半导体二极管，其正向特性与普通二极管类似，在反向电压开始增加时，其反向电流几乎为零，但当电压增加到某一数值时电流突然增加，且端电压保持恒定，不随外加的反向电压升高而增大。如图 3-3 中 d 曲线所示。

（4）实验内容

1）测定线性电阻的伏安特性　按图 3-4 接好线路，经检查无误后，接入直流稳压源，调节输出电压依次为表 3-5 中所列数值，并将测量所得对应的电流值记录于表 3-5 中。

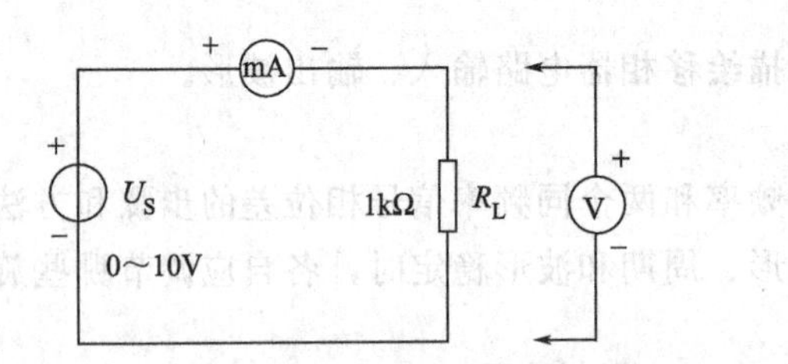

图 3-4　测量电阻伏安特性电路

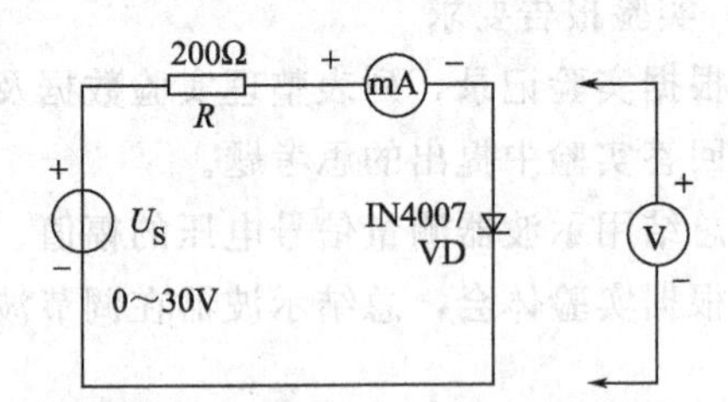

图 3-5　测量二极管伏安特性电路

表 3-5　线性电阻元件实验数据

U/V	0	2	4	6	8	10
I/mA						

2）测量非线性白炽灯泡的伏安特性　将图 3-4 中的电阻换成一只 6.3V 的灯泡，重复 1）的步骤。数据填入表 3-6。

表 3-6　非线性白炽灯实验数据

U/V	0	2	4	6	7	
I/mA						

3）测量半导体二极管的伏安特性　电路如图 3-5 所示，R 为限流电阻器，阻值为 200Ω，测二极管的正向特性时，其正向电流不得超过 25mA，二极管的正向压降 V_D 可在

0～0.7V之间取值。做反向特性实验时。只需将图3-5中的二极管VD反接，且其反向电压可加到30V。实验结果填入表3-7及表3-8。

表3-7　正向特性实验数据

U_D/V	0	0.2	0.4	0.45	0.5	0.55	0.60	0.65	0.70	0.75
I/mA										

表3-8　反向特性实验数据

U_D/V	0	−5	−10	−15	−20	−25	−30
I/mA							

4）测量稳压二极管的伏安特性　将图3-5中的二极管IN4007换成稳压二极管2CW51，重复实验内容3）的测量，其正、反向电流不得超过±20mA，实验结果填入表3-9及表3-10。

表3-9　稳压管正向特性实验数据

U/V	0	0.2	0.4	0.45	0.5	0.55	0.60	0.65	0.70	0.75
I/mA										

表3-10　稳压管反向特性实验数据

U/V	0	−1.5	−2	−2.5	−2.8	−3	−5	−7	−10
I/mA									

5）实验注意事项

① 稳压电源输出端切勿短路。

② 二极管的正、反向电压差别很大，所以测试电路中稳压电源的输出电压U_S应从0值开始缓慢增加，切不要增加过快，否则会引起电流骤增而损坏管子。

③ 进行不同实验时，应先估算电压和电流值，合理选择仪表的量限，测量中，随时注意仪表读数，勿使仪表超量限，仪表的极性亦不可接错。

（5）预习思考题

① 线性电阻与非线性电阻的概念是什么？其伏安特性有何区别？

② 如何计算线性电阻与非线性电阻的电阻值？

③ 稳压二极管与普通二极管有何区别，其用途如何？

④ 设某器件伏安特性曲线的函数式为$I=f(U)$，试问在逐点绘制曲线时，其坐标变量应如何放置？

（6）实验报告要求

① 根据实验数据，分别在方格纸上绘制出光滑的伏安特性曲线。

② 根据实验结果，总结、归纳被测各元件的特性。

③ 实验报告中要有结果分析，分析时要做到有理有据，不能妄下结论，并且要学会抓住重点进行分析。

3.3 实验三：叠加定理、齐性定理与戴维南定理的验证

（1）实验目的

① 用实验的方法验证叠加定理、齐性定理和戴维南定理，以提高对定理的理解和应用能力。

② 通过实验加深对电路参考方向的掌握和运用能力。

③ 熟悉直流电工仪表的使用方法。

（2）实验仪器

实验仪器如表 3-11 所示。

表 3-11 实验仪器

序号	名称	规格与型号	数量	备注
1	可调直流稳压电源	1～300V 可调	2	DG04
2	可调直流恒流源	0～300mA 可调	1	DG04
3	旋转电阻箱	0～9999.9Ω 可调	1	DG09
4	叠加定理实验板		1	DG05
5	戴维南定理实验板		1	DG05
6	直流电压表		1	
7	直流毫安表		1	

（3）实验原理

1）叠加定理　对于一个具有唯一解的线性电路，由几个独立电源共同作用所形成的各支路电流或电压，等于各个独立电源单独作用时在相应支路中形成的电流或电压的代数和。不作用的电压源所在的支路应（移开电压源后）短路，不作用的电流源所在的支路应开路。

2）齐性定理　线性电路的激励信号（独立电源的值）增加或减小 K 倍时，电路的响应（在电路其他元件上所建立的电流电压值）也将增加或减小 K 倍。

3）戴维南定理　任何有源二端网络，对外电路而言，均可用一个等效电压源和电阻的串联组合等效置换，此电压源的电动势等于有源二端网络的开路电压 U_{OC}，其等效内阻 R_0 等于有源二端网络中所有电源置零（将各个理想电压源短路，各个理想电流源开路）后，所得到的无源网络的输入电阻。此电阻值也等于开路与短路电流的比值，即 $R_0=U_{OC}/I_{SC}$。

（4）实验内容

1）验证叠加定理与齐性定理

① 操作步骤如下。

a. 将电压源的输出电压 E_1 调至 12V，E_2 调至 12V，然后关闭电源，待用。

b. 按图 3-6 所示连接实验电路。

c. 按以下三种情况进行实验：电压源 E_1 与 E_2 共同作用；电压源 E_1 单独作用，E_2 不作用；电压源 E_2 单独作用，E_1 不作用。分别测出各支路的电流填入表 3-12 中。最后计算出叠加结果，验证是否符合叠加定理。

d. 电压源 $2E_1$ 单独作用，分别测出各支路的电流填入表 3-12 中，验证支路电流的响应

是否符合齐性定理。

表 3-12 叠加定理验证数据

	作用电源		支路电流		
	E_1	E_2	I_1/mA	I_2/mA	I_3/mA
E_1 与 E_2 共同作用					
E_1 单独作用					
E_2 单独作用					
$2E_1$ 单独作用					

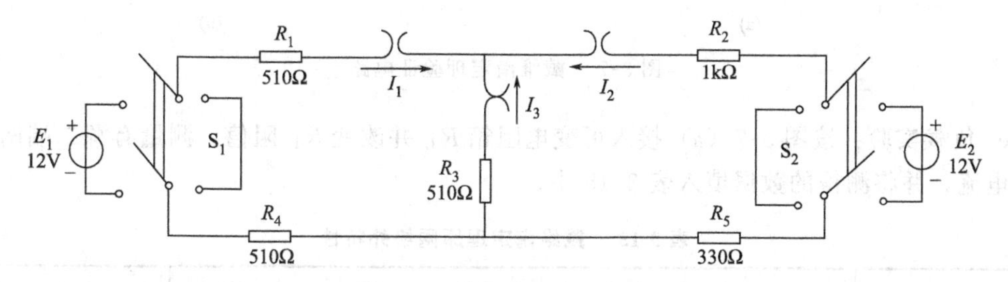

图 3-6 叠加定理验证电路

② 注意事项如下。

a. 电压源不作用时，应关掉电压源，将开关 S_1(S_2)合向短路线。

b. 当电流表反偏时，将电流插座或电流表两接线换接，电流表读数前加负号。

c. 电流插座有方向，约定红色接线柱为电流的流入端，接电流表量程选择端，黑色接线柱为电流的流出端，接电流表的负极。

2）验证戴维南定理

① 操作步骤如下。

a. 将电压源的输出电压 E_S 调至 12V，I_S 调至 10mA，然后关闭电源，待用。

b. 被测有源二端网络如图 3-7（a）所示。按图所示连接实验电路。

c. 用开路电压、短路电流法测定戴维南等效电路的 U_{OC} 和 R_0。按图 3-7（a）线路接入稳压电源 E_S 和恒流源 I_S，在 A，B 开路情况下，用电压表测定 AB 间开路电压 U_{OC}；在 A，B 短路情况下，测出短路电流 I_{SC}，并计算出等效电阻 $R_0=U_{OC}/I_{SC}$。并将测得的数据填入表 3-13 中。

d. 根据理论计算戴维南等效电路的 U_{OC} 和 R_0，并填入表 3-14 中。

表 3-13 戴维南定理原网络实测数据

开路电压	$U_{OC}=$	短路电流	$I_{SC}=$
等效电阻	$R_0=U_{OC}/I_{SC}=$		

表 3-14 戴维南定理原网络计算数据

开路电压	$U_{OC}=$	等效电阻	$R_0=$

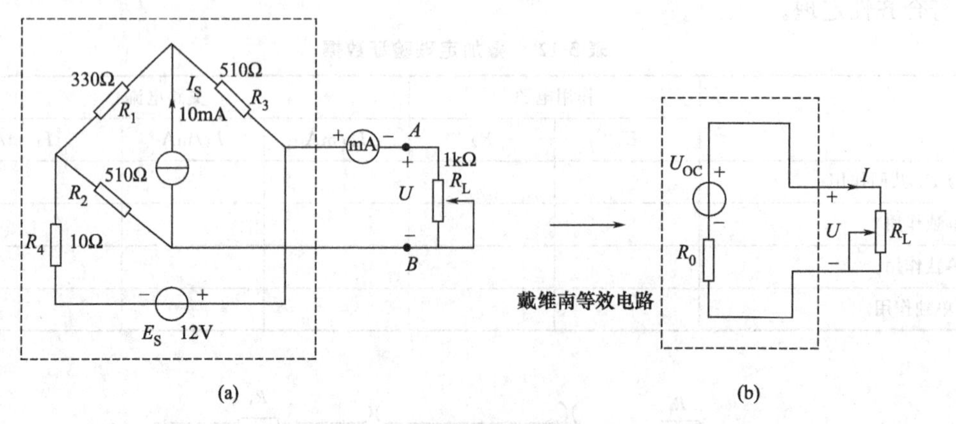

图 3-7　戴维南定理验证电路

e. 负载实验：按图 3-7（a）接入可变电阻箱 R_L 并改变 R_L 阻值，测量有源二端网络的输出电流，并将测得的数据填入表 3-15 中。

表 3-15　戴维南定理原网络外特性

R_L/Ω	0	50	100	150	200
I/mA					

f. 验证戴维南定理：按图 3-7（b）所示连接等效电路。在电阻箱上调出步骤 c 所得的等效电阻 R_0 之值，然后令其与直流稳压电源（调到步骤 c 时所测得的开路电压 U_{OC}之值）相串联，仿照步骤 e 测其外特性，将测得的数据填入表 3-16，对戴维南定理进行验证。

表 3-16　戴维南定理等效电路外特性

R_L'/Ω	0	50	100	150	200
I'/mA					

g. 测定有源二端网络等效电阻（又称入端电阻）的其他方法：将被测有源网络内的所有独立源置零（将电流源 I_S 去掉，也去掉电压源，并在原电压端所接两点用一根短路导线相连），然后用伏安法或者直接用万用表的欧姆挡去测定负载 R_L 开路后 A、B 两点间的电阻，此即为被测网络的等效内阻 R_0 或称网络的入端电阻 R_i。

② 实验注意事项如下。

a. 注意测量时，电流表量程的更换。

b. 用万用表直接测 R_0 时，端口内的独立源必须先置零，以免损坏万用表。注意电源置零时不可将稳压源直接短接，而应去掉电压源然后将电压源的位置短接；其次，欧姆挡必须经调零后再进行测量。

c. 按图 3-7（b）连接等效电路时，接入的直流稳压电源必须使用万用表直流电压挡测定。

d. 改接线路时，要关掉电源。

(5) 预习思考题

① 在求戴维南等效电路时，作短路试验，测 I_{SC}的条件是什么？在本实验中可否直接作负载短路实验？请实验前对线路图 3-7 (a) 预先作好计算，以便调整实验线路及测量时可准确地选取电表的量程。

② 说明测有源二端网络开路电压及等效内阻的几种方法，并比较其优缺点。

(6) 实验报告要求

① 实验报告要整齐、全面，包含全部实验内容。

② 对实验中出现的一些问题进行讨论。

③ 根据步骤 c、g 方法测得的 U_{OC}与 R_0 与预习时电路计算的结果作比较，能得出什么结论？

3.4 实验四：一阶电路响应测试

(1) 实验目的

① 观察一阶过渡过程，研究元件参数改变时对过渡过程的影响。

② 学习示波器测绘波形的使用方法。

(2) 实验原理

RC 电路如图 3-8 所示，在脉冲信号（方波）的作用下，电容器充电，电容器上的电压按指数规律上升，即零状态响应

$$u_C(t)=U(1-e^{-t/\tau})$$

电路达到稳态后，将电源短路，电容器放电，其电压按指数规律衰减，即零输入响应

$$u_C(t)=Ue^{-t/\tau}$$

方波作用下两种响应交替产生，清楚地反映出一阶暂态过渡过程的变化规律（图 3-9 所示）其中 $\tau=RC$ 称为电路的时间常数，它的大小决定了过渡过程进行的快慢。其物理意义是电路零输入响应衰减到初始值的 36.8%所需要的时间，或者是电路零状态响应上升到稳态值的 63.2%所需要的时间。虽然真正到达稳态所需要的时间为无限大，但通常认为经过 (3～5) τ 的时间，过渡过程就基本结束，电路进入稳态。

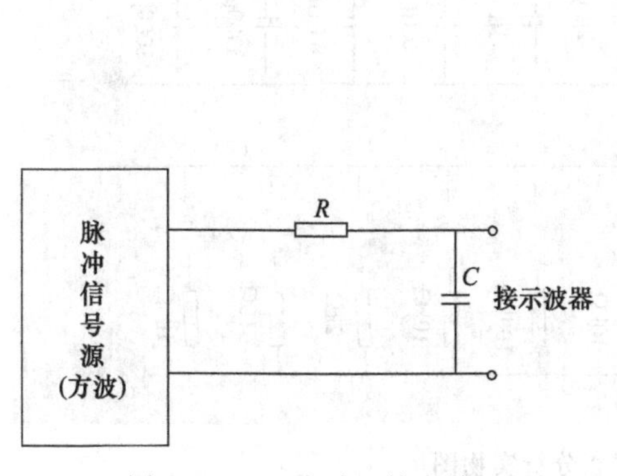

图 3-8　RC 电路（接方波）

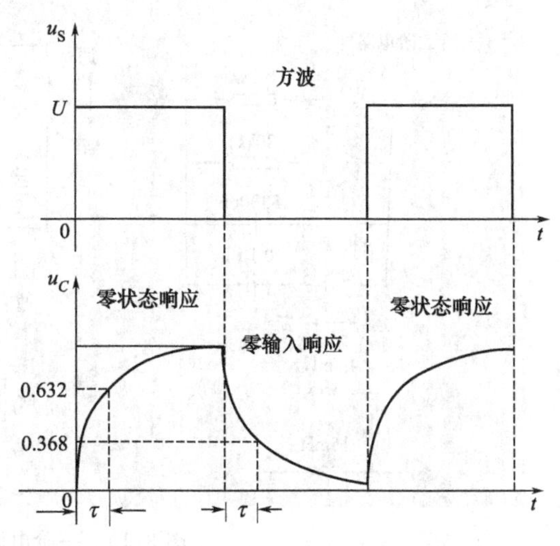

图 3-9　方波信号下 u_C 的变化规律

对于一般电路，时间常数均较小，在毫秒甚至微秒级，电路会很快达到稳态，一般仪表尚来不及反应，过渡过程已经消失。因此，用普通仪表难以观测到电压随时间的变化规律。示波器可以观察到周期变化的电压波形，如果使电路的过渡过程按一定周期重复出现，示波器荧光屏上就可以观察到过渡过程的波形。本实验用脉冲信号源作为实验电源，由它产生一个固定频率的方波，模拟阶跃信号。在方波的前沿相当于接通直流电源，电容器通过电阻充电，方波后沿相当于电源短路，电容器通过电阻放电。方波周期性重复出现，电路就不断地进行充电放电。将电容器两端接到示波器输入端，就可观察到一阶电路充电、放电的过渡过程。

（3）实验仪器

实验仪器如表 3-17 所示。

表 3-17　实验仪器

序号	名称	规格型号	数量
1	信号发生器	VC1640P-2 型	1
2	双踪示波器	XJ4241 型	1
3	动态线路实验板		1

（4）实验内容及步骤

① 观察并记录电容器上的过渡过程。

按图 3-8 接好电路（实物图如图 3-10 所示）。调节方波频率为 1kHz 并使占空比为 1∶1，方波幅值为 2.5V，$R=10\text{k}\Omega$，$C=0.01\mu\text{F}$。观察示波器上的波形，并用方格纸记录下所观察到的波形。将结果填入表 3-18，从波形图上测量电路的时间常数 τ，然后与时间常数理论值相比较，分析二者不同的原因。

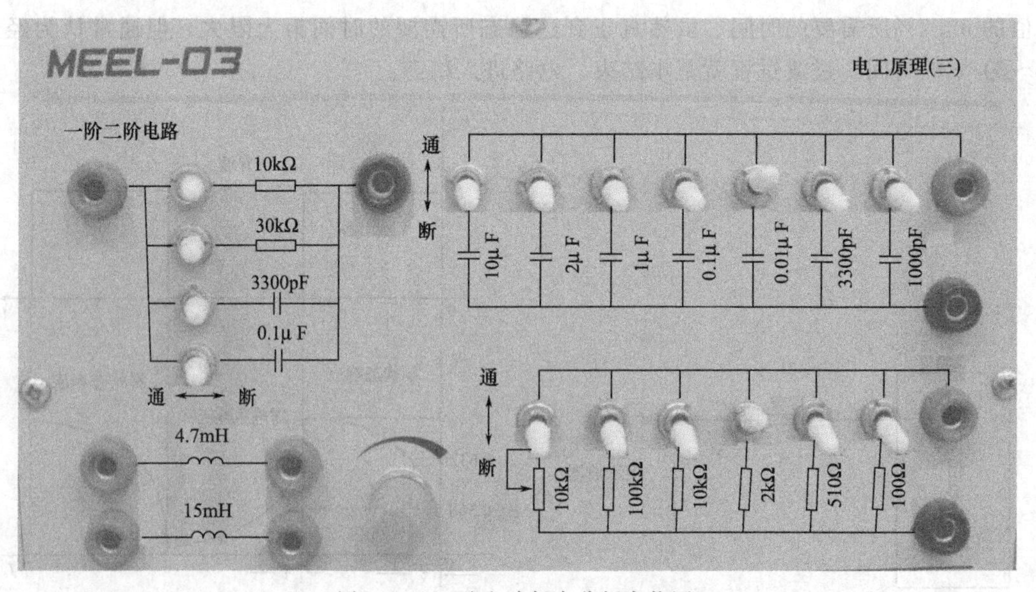

图 3-10　一阶电路暂态分析实物图

表 3-18　测时间常数表

$R=10k\Omega$，$C=0.01\mu F$			
激励源 u_S 波形 （$U=2.5V$，$f=1kHz$）	响应 u_C 波形	τ 的测量值	τ 的计算值
u_S / O / t	u_C / O / t		

② 按表 3-19 改变电路参数重复步骤①的实验内容并将结果填入表中。

表 3-19　改变 RC 电路参数时的响应波形图

	方波信号		方波信号
$U=2.5V$ $f=1kHz$	u_S / O / t	$U=2.5V$ $f=1kHz$	u_S / O / t
C 值 \ R 值	$C=0.01\mu F$	C 值 \ R 值	$C=3300pF$
2kΩ	u_C / O / t	2kΩ	u_C / O / t
100kΩ	u_C / O / t	100kΩ	u_C / O / t

③ 观察并记录表 3-19 各种情况下电阻上电压随时间的变化规律 $U_R(t)$。

④ 观察并记录电感上的过渡过程。

根据表 3-20 中的数据按图 3-8 接好电路（电容换为电感，实物图如图 3-10 所示）。调节方波频率为 1kHz 并使占空比为 1∶1，方波幅值为 2.5V。观察示波器上的波形，并用方格纸记录下所观察到的波形。将结果填入表 3-20。

表 3-20　改变 RL 电路参数时的响应波形图

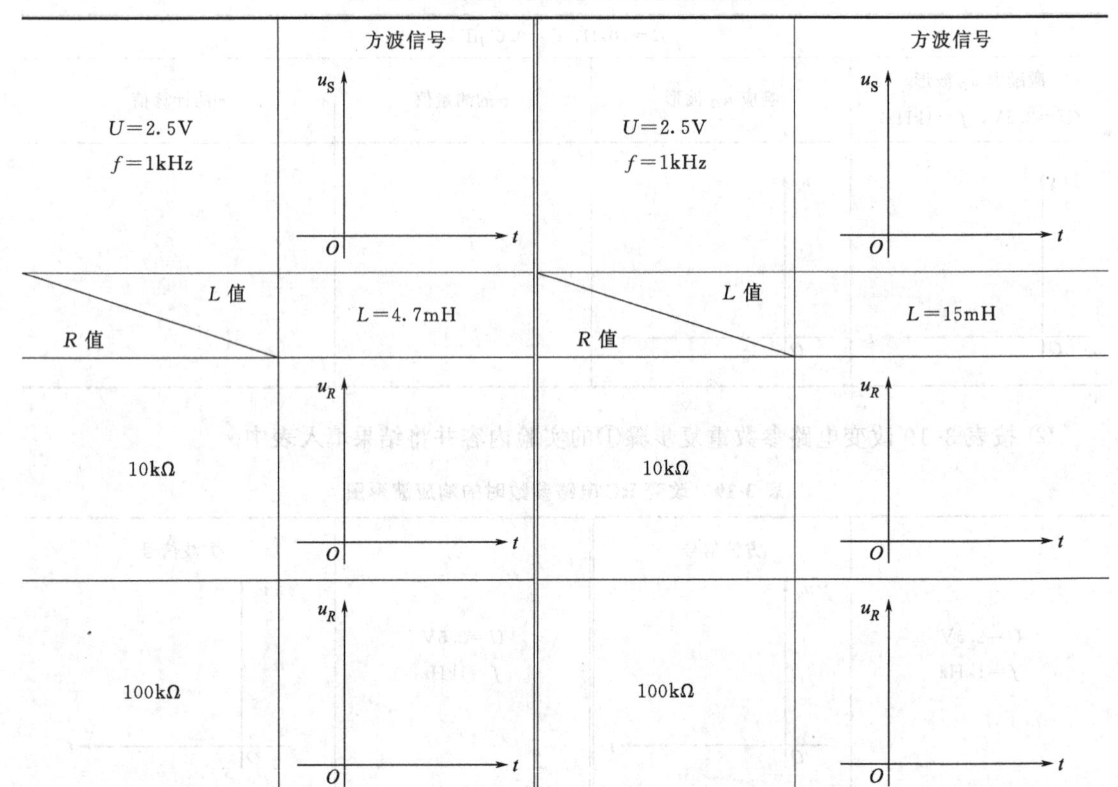

$U=2.5$V $f=1$kHz	方波信号 u_S — O — t	$U=2.5$V $f=1$kHz	方波信号 u_S — O — t
L 值 / R 值	$L=4.7$mH	L 值 / R 值	$L=15$mH
10kΩ	u_R — O — t	10kΩ	u_R — O — t
100kΩ	u_R — O — t	100kΩ	u_R — O — t

（5）注意事项

① 调节电子仪器旋钮时，动作要轻，不要用力过猛，以免损坏仪器。示波器的辉度不要太亮，尤其是光点长期停在荧光屏上不动时，应将辉度调暗，以延长示波管寿命。

② 信号源的接地端与示波器的接地端要连在一起，以防外界干扰而影响测量结果的准确性。

（6）实验报告要求

① 根据实验观察结果，绘出 RC 一阶电路充放电时 u_C 的变化曲线，由曲线测得 τ 值，并与计算值进行比较，分析误差原因。

② 根据实测结果，分析说明 RC 电路 u_C 和 RL 电路 u_R 图形的特点和原理。

3.5　实验五：*R*，*L*，*C* 元件阻抗特性的测定

（1）实验目的

① 验证电阻，感抗、容抗与频率的关系，测定 R-f，X_L-f，X_C-f 特性曲线。

② 加深理解 R，L，C 元件端电压与电流间的相位关系。

（2）实验原理

① 在正弦交变信号作用下，R，L，C 电路元件在电路中的阻抗作用与信号的频率有关，其阻抗频率特性 R-f，X_L-f，X_C-f 曲线如图 3-11 所示。

② 元件阻抗频率特性的测量电路如图 3-12 所示。

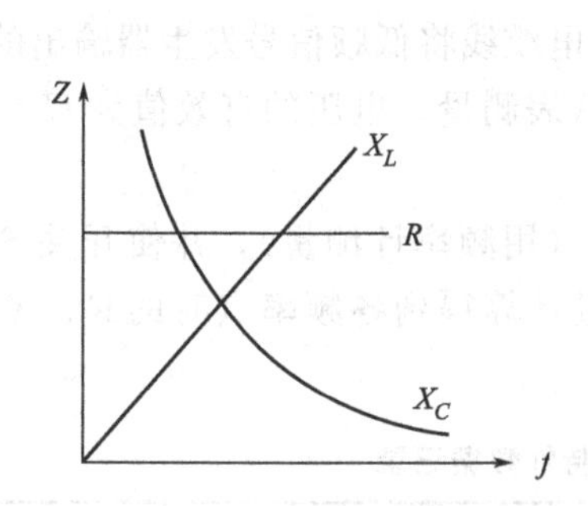

图 3-11 R，L，C 电路元件阻抗频率特性

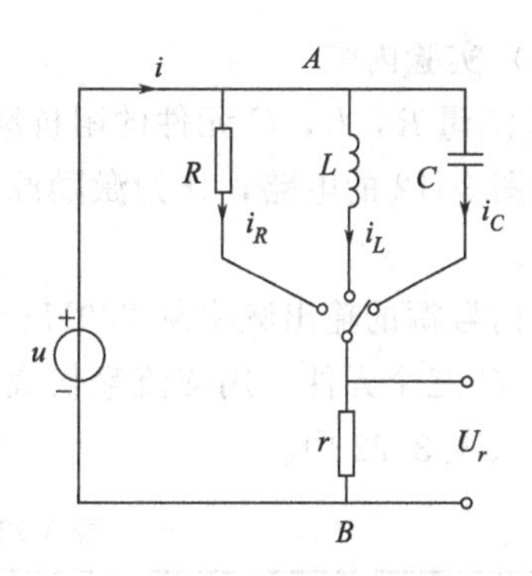

图 3-12 阻抗频率特性测量电路

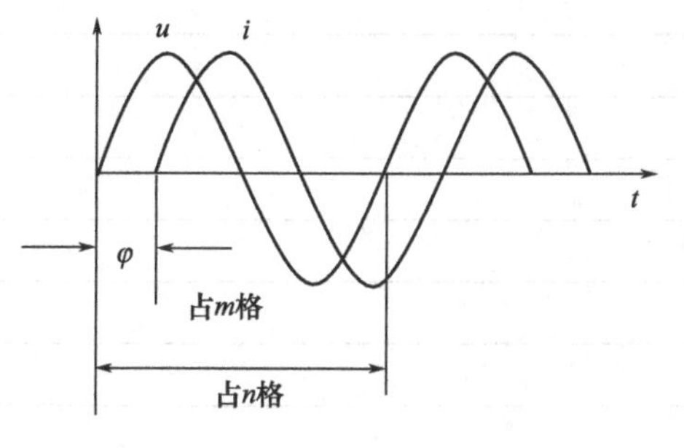

图 3-13 阻抗角的测量

图 3-12 中的 r 是提供测量回路电流用的标准小电阻，由于 r 的阻值远小于被测元件的阻抗值，因此可以认为 AB 之间的电压就是被测元件的 R，L 或 C 两端的电压，流过被测元件的电流则可由 r 两端的电压除以 r 所得。

若用双踪示波器同时观察 r 与被测元件两端的电压，展现出被测元件两端的电压和流过该元件电流的波形，从而可在荧光屏上测出电压与电流的幅值及它们之间的相位差。

③ 将元件 R，L，C 串联或并联相接，亦可用同样的方法测得 $Z_{串}$ 与 $Z_{并}$ 时的阻抗频率特性 Z-f，根据电压、电流的相位差可判断 $Z_{串}$ 或 $Z_{并}$ 是感性还是容性负载。

④ 元件的阻抗角 φ（即相位差）随输入信号的频率变化而变化，将各个不同频率下的相位差画在以频率 f 为横坐标，阻抗角 φ 为纵坐标的坐标纸上，并用光滑的曲线连接这些点，即得到阻抗角的频率特性曲线。

用双踪示波器测量阻抗角的方法如图 3-13 所示。荧光屏上数的一个周期占 n 格，相位差占 m 格，则实际的相位差 φ（阻抗角）为

$$\varphi=m\times\frac{360^\circ}{n}$$

（3）实验仪器

实验仪器如表 3-21 所示。

表 3-21 实验仪器

序号	名称	型号与规格	数量	备注
1	低频信号发生器		1	DG03
2	交流毫伏表		1	
3	双踪示波器		1	
4	实验线路元件		1	DG09
5	频率计		1	DG08

(4) 实验内容

① 测量 R，L，C 元件的阻抗频率特性。通过电缆线将低频信号发生器输出的正弦信号接至如图 3-12 的电路，作为激励源，并用交流毫伏表测量，电压的有效值为 $U=3\text{V}$，并保持不变。

使信号源的输出频率从 200Hz 逐渐增至 5kHz（用频率计测量），并使开关 S 分别接通 R，L，C 三个元件，用交流毫伏表测量 U_r 并通过计算得到各频率点时的 R、X_L 与 X_C 之值，计入表 3-22 中。

表 3-22 测量阻抗频率特性数据记录

频率 f/kHz		
R	U_r/mV	
	$I_R=U_r/r$/mA	
	$R=U/I_R$/kΩ	
L	U_r/mV	
	$I_L=U_r/r$/mA	
	$X_L=U/I_L$/kΩ	
C	U_r/mV	
	$I_C=U_r/r$/mA	
	$X_C=U/I_C$/kΩ	

② 用双踪示波器观察在不同的频率下各元件的阻抗角的变化情况，并作记录（填入表 3-23 中）。

③ 测量 R，L，C 元件串联的阻抗角频率特性。

表 3-23 测量阻抗角频率特性数据记录

频率 f/kHz	
n/格	
m/格	
φ/(°)	

(5) 实验注意事项

① 交流毫伏表属于高阻抗电表，测量前必须先调零。

② 测 φ 时，示波器的“V/div”和“t/div”的微调旋钮应旋至“校准位置”。

(6) 预习思考题

测量 R，L，C 各个元件的阻抗角时，为什么要与它们串联一个小电阻？可否用一个小电感或大电容代替？为什么？

(7) 实验报告要求

① 根据实验数据，在方格纸上绘制 R，L，C 三个元件的阻抗频率特性曲线，从中可得出什么结论？

② 根据实验数据，在方格纸上绘制 R，L，C 三个元件串联的阻抗角频率特性曲线，并

总结、归纳出结论。

③ 心得体会及其他。

3.6 实验六：交流电路等效参数的测量

(1) 实验目的

① 学会用交流电压表、交流电流表和功率表测量元件的交流等效参数的方法。

② 学会功率表的接法和使用。

(2) 实验设备

实验设备如表 3-24 所示。

表 3-24　实验设备

序号	名称	型号与规格	数量	备注
1	交流电压表		1	D33
2	交流电流表		1	D32
3	功率表		1	D34
4	自耦调压器		1	DG01
5	电感线圈	40W 日光灯配用	1	DG09
6	电容器	4μF/450V	1	DG09
7	白炽灯	25W/220V	1	DG08

(3) 实验原理

1) 正弦交流激励下的元件值或阻抗值　可以用交流电压表、交流电流表及功率表，分别测量出元件两端的电压 U，流过该元件的电流 I 和它所消耗的功率 P，然后通过计算得到所求的各值，这种方法称为三表法，是用以测量 50Hz 交流电路参数的基本方法。

计算的基本公式如下。

阻抗的模
$$|Z|=\frac{U}{I}$$

电路的功率因数
$$\cos\varphi=\frac{P}{UI}$$

等效电阻
$$R=\frac{P}{I^2}=|Z|\cos\varphi$$

等效电抗
$$X=|Z|\sin\varphi$$
$$X=X_L=2\pi fL$$

或
$$X=X_C=\frac{1}{2\pi fC}$$

2) 阻抗性质的判别方法　在被测元件的两端并联电容或串联电容的方法来加以判别，方法与原理如下。

① 在被测元件两端并联一只适当容量的实验电容，若串联在电路中电流表的读数增大，则被测阻抗为容性，电流减小则为感性。

图 3-14（a）中，Z 为待测定的元件，C'为实验电容器。图（b）是图（a）的等效电路，图中 G、B 为待测阻抗 Z 的电导和电纳，B'为并联电容 C'的电纳。在端电压有效值不变的条件下，按下面两种情况进行分析。

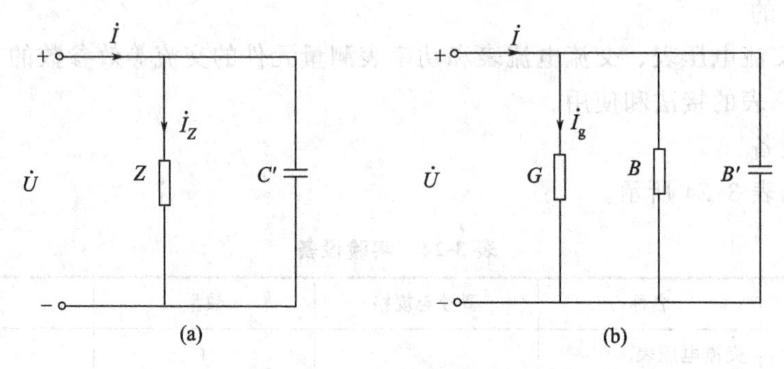

图 3-14　并联电容测量法

a. 设 $B+B'=B''$，若 B'增大，B''也增大，则电路中电流 I 将单调地上升，故可判断 B 为容性元件。

b. 设 $B+B'=B''$，若 B'增大，而 B''先减小而后再增大，电流 I 也是先减小后上升，如图 3-15 所示，则可判断 B 为感性元件。

由上分析可见，当 B 为容性元件时，对并联电容 C'值无特殊要求；而当 B 为感性元件时，$B'<|2B|$才有判定为感性的意义。$B'>|2B|$时，电流单调上升，与 B 为容性时相同，并不能说明电路是感性的。因此 $B'<|2B|$是判断电路性质的可靠条件，由此得判定条件为

$$C'<\left|\frac{2B}{\omega}\right|$$

② 与被测元件串联一个适当容量的实验电容，若被测阻抗的端电压下降，则判为容性，端电压上升则为感性，判定条件为

$$\frac{1}{\omega C'}<|2X|$$

式中，X 为被测阻抗的电抗值；C'为串联实验电容值，此关系式可自行证明。

判断待测元件的性质，除上述借助于实验电容 C'测定法外，还可以利用该元件电流、电压间的相位关系，若 i 超前于 u，为容性；i 滞后于 u，则为感性。

3）功率表的结构、接线与使用　功率表（又称为瓦特表）是一种动圈式仪表，其电流线圈与负载串联（两个电流线圈可串联或并联，因而可得两个电流量限），其电压线圈与负载并联，有三个量限，电压线圈可以与电源并联使用，也可和负载并联使用，此即为并联电压线圈的前接法和后接法之分，后接法会使读数产生较大的误差，因并联电压线圈所消耗的功率也计入了功率表的读数之中。图 3-16 是功率表并联电压线圈前接法的外部连接线路。

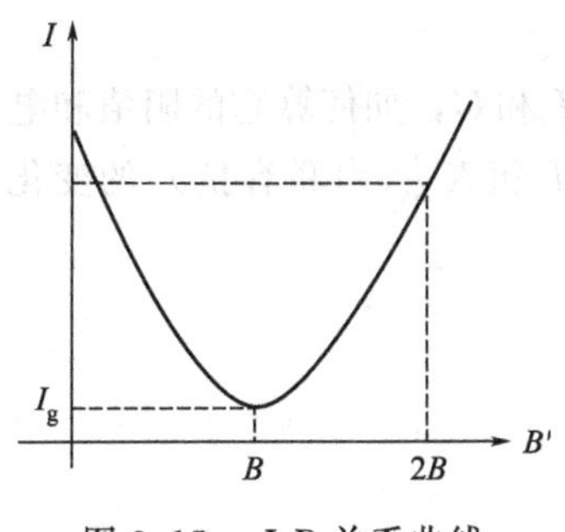

图 3-15　I-B 关系曲线

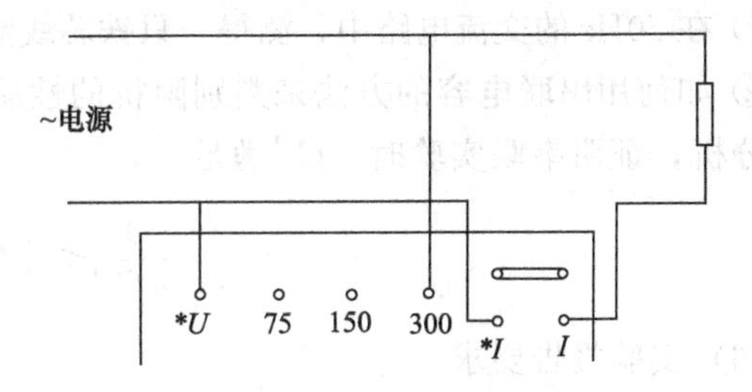

图 3-16　功率表外部连接线路

（4）实验内容

测试线路如图 3-17 所示。将测量数据填入表 3-25 中。

① 按图 3-17 接线，并经指导教师检查后，方可接通市电电源。

② 分别测量 15W 白炽灯（R），40W 日光灯镇流器（L）和 4μF 电容器（C）的等效参数。

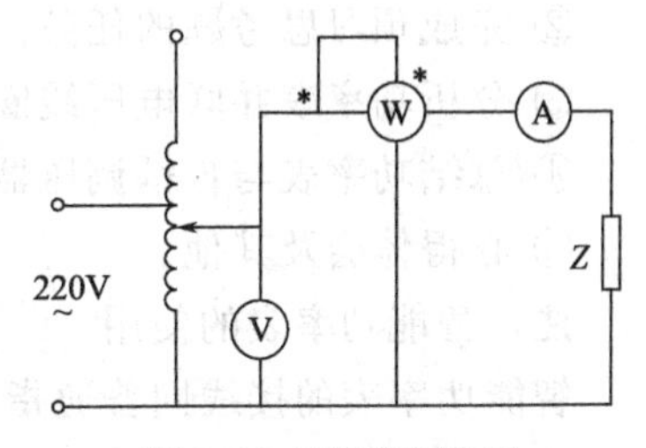

图 3-17　测试线路图

③ 测量 L，C 串联与并联后的等效参数。

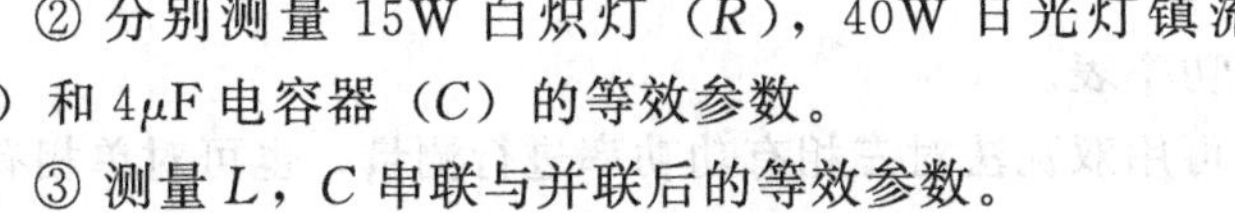

④ 用并接试验电容的方法来判别 L，C 串联和并联后阻抗的性质。

⑤ 观察并测定功率表电压并联线圈前接法与后接法对测量结果的影响。

表 3-25　测量数据记录表

被测阻抗	测量量				计算量		电路等效参数		
	U/V	I/A	P/W	cosφ	Z/Ω	cosφ	R/Ω	L/mH	C/μF
15W 白炽灯 R									
电感线圈 L									
电容器 C									
L 与 C 串联									
L 与 C 并联									

⑥ 实验注意事项如下。

a. 本实验直接用市电 220V 交流电源供电，实验中要特别注意人身安全，不可用手直接触摸通电线路的裸露部分，以免触电，进实验室应穿绝缘鞋。

b. 自耦调压器在接通电源前，应将其手柄置在零位上，调节时，使其输出电压从零开始逐渐升高。每次接该实验线路或实验完毕，都必须先将其手柄慢慢调回零位，再断电源。必须严格遵守这一安全操作规程。

c. 功率表要正确接入电路，读数时应注意量程和标度尺的折算关系。

d. 功率表不能单独使用，一定要有电压表和电流表监测，使电压表和电流表的读数不超过功率表电压和电流的量限。

e. 电感线圈 L 中流过的电流不得超过 0.4A。

（5）预习思考题

① 在 50Hz 的交流电路中，测得一只铁芯线圈的 P、I 和 U，如何算它的阻值和电感量？

② 如何用串联电容的方法来判别阻抗的性质？试用 I 随 X'_C（串联容抗）的变化关系作定性分析，证明串联实验时，C'满足

$$\frac{1}{\omega C'} < |2X|$$

（6）实验报告要求

① 根据实验数据，完成各项计算。

② 完成预习思考题的任务。

③ 分析功率表并联电压线圈前、后接法对测量结果的影响。

④ 总结功率表与自耦调压器的使用方法。

⑤ 心得体会及其他。

注：智能功率表的使用

智能功率表的接线同普通指针式功率表。

它是将两只功率表组装在一起，可用双瓦法对三相有功功率进行测量，也可对单相有功功率进行测量。对输入电压、电流根据其数值的大小，能自动切换量程。除测量功率外，还可测量单相的功率因数及负载性质等，还可存储 15 组功率及功率因数的数据，并可随意查询。操作方法及步骤详见使用说明书。

测“P”和“$\cos\varphi$”的操作简要说明如下。

① 按要求接好电路。

② 开启电源，显示屏出现“P”、“8”的巡回走动。

③ 按动功能键一次，显示屏出现

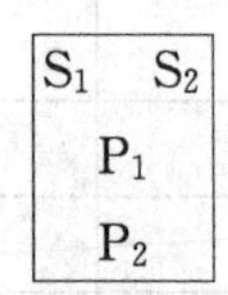

然后按确认键，在先前的 P_1 处即可获得功率 P 的读数。

④ 继续按动功能键，待显示屏出现

cos1
CCP
FUS

然后按确认键，在先前的 cos1 处即可读得负载的性质（容性指示 C，感性指示 L）及 $\cos\varphi$ 之值。

3.7　实验七：单相正弦交流电路功率因数的提高

（1）实验目的

① 了解日光灯的工作原理，学会安装日光灯。

② 了解提高功率因数的意义和方法。

③ 学会使用功率表和功率因数表。

（2）实验仪器

实验仪器如表 3-26 所示。

表 3-26　实验仪器

序号	名称	规格与型号	数量
1	交流电压表	0～300V	1
2	交流电流表	0～1A	3
3	功率表		1
4	镇流器	与 40W 日光灯配用	1
5	可变电容箱		1
6	起辉器	与 40W 日光灯配用	1
7	日光灯管	40W	1

（3）实验原理

1）日光灯电路和原理　日光灯电路由灯管、起辉器、镇流器组成。电路如图 2-35 所示。其具体工作原理已在 2.3.3 节中介绍，此处不再赘述。

2）功率因数提高的基本原理　日光灯发光时，灯管可认为是一电阻负载，镇流器可以认为是一个感性负载，两个构成一个 R、L 串联电路。日光灯工作时的整个电路可用图 3-18（a）等效电路来表示。

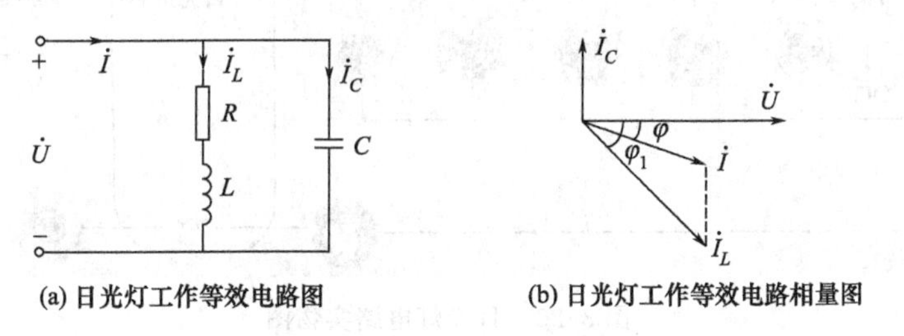

(a) 日光灯工作等效电路图　　(b) 日光灯工作等效电路相量图

图 3-18　日光灯工作原理图

日光灯电路中，电压 $\dot{U}$ 比端电流 $\dot{I}_L$ 在相位上超前 φ_1。为了提高功率因数，可在日光灯两端并联电容 C，此时，电压 $\dot{U}$ 比端电流 $\dot{I}$ 在相位上超前 φ。选择适当的电容 C，可使 $\varphi_1 > \varphi$，即 $\cos\varphi_1 < \cos\varphi$，电源的功率因数得以提高。

从相量图中可以看出，总电流 $\dot{I}$ 随电容电流的增大而减小，此时电路为电感性，当 $\dot{I}$ 减小到与 $\dot{U}$ 同相时，电路变为电阻性，继续增大电容电流，总电流 $\dot{I}$ 重新增大，电路变为电容性。因此总电流的变化为先减小后增大，相对应的，功率因数先增大后减小。

3）实验电路图　功率因数提高实验电路如图 3-19 所示。

（4）实验内容

① 调单相交流电压 220V，按图 3-19 将日光灯电路实物图（图 3-20）接线，注意功率表的接法。经教师检查后，调 $C=0$，用交流电压表、交流电流表和功率表测量 U，U_L，

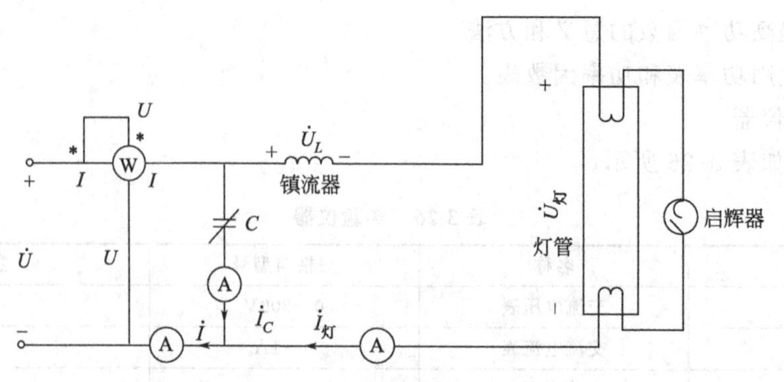

图 3-19　功率因数提高实验电路

$U_{灯}$，I，I_C，$I_{灯}$和 P，并记入表 3-27（注意分辨清楚三个电流表测的电流分别是流经哪部分电路）。

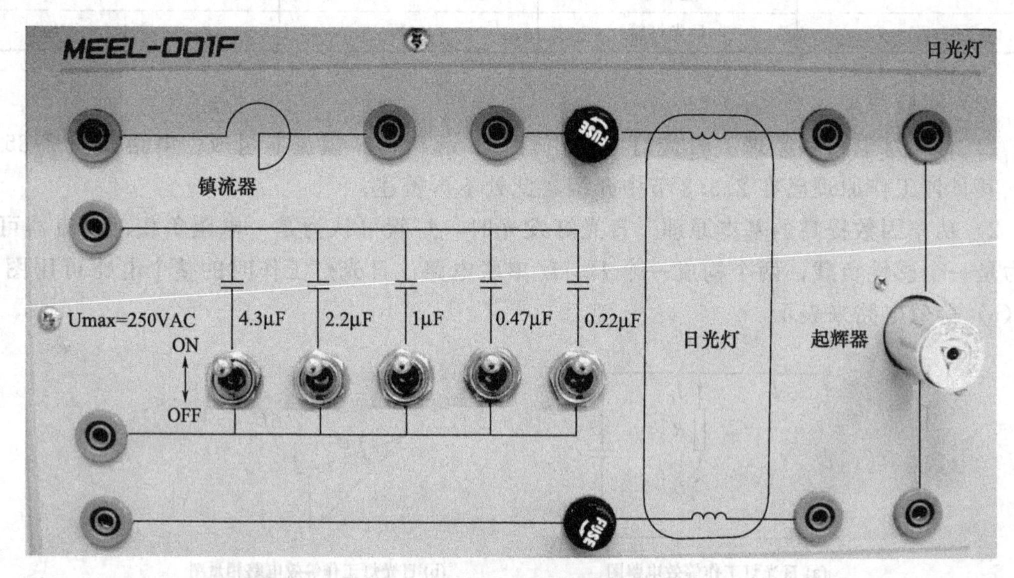

图 3-20　日光灯电路实物图

② 改变电容值，调 $C=0.47\mu F$，$1\mu F$，$2.2\mu F$，$4.3\mu F$，$5.3\mu F$，$7.5\mu F$，$7.97\mu F$，$8.19\mu F$，分别重测上述各数据，并记入表 3-27。检查数据后，切断电源，拆除电路。

表 3-27　实验数据

$C/\mu F$	U/V	U_L/V	$U_{灯}$/V	I/A	$I_{灯}$/A	I_C/A	P/W	$\cos\varphi$（测）	$\cos\varphi$（计算）
0									
0.47									
1									
2.2									
4.3									
5.3									
7.5									
7.97									
8.19									

(5) 预习思考题

① 明确功率因数提高的实验原理，根据实验观察结果，计算出功率因数的计算值，并与测量值相比较，分析其不同的原因。

② 理论上电路总有功功率随 C 变化应如何变化？实际如何变化？试分析原因。

(6) 实验报告要求

① 日光灯上的电流随 C 的变化如何变化？说明原因。

② $U_L+U_{灯}=U$ 吗？为什么？

③ 根据实测结果，利用相量图和数学公式分别说明各电压、各电流的变化规律。

④ 阐述不能利用电容串联提高功率因数的原因。

3.8　实验八：RLC 串联谐振电路的研究

(1) 实验目的

① 研究 RLC 串联电路的交流谐振现象。

② 测量 RLC 串联谐振电路的幅频特性曲线。

③ 学习并掌握电路品质因数 Q 的测量方法及其物理意义。

(2) 实验仪器

① 低频信号发生器 1 台；

② 交流毫伏表 1 台；

③ 电阻箱 1 只；

④ 电容箱 1 只；

⑤ 空芯电感器 0.35H 1 个。

(3) 实验原理

RLC 串联谐振电路　在 RLC 串联电路中，若接入一个电压幅度一定，频率 f 连续可调的正弦交流信号源（图 3-21），则电路参数都将随着信号源频率的变化而变化。

电路总阻抗

$$Z=\sqrt{R^2+(X_L-X_C)^2}=\sqrt{R^2+\left(\omega L-\frac{1}{\omega C}\right)^2} \tag{3-1}$$

$$I=\frac{U_i}{Z}=\frac{U_i}{\sqrt{R^2+\left(\omega L-\frac{1}{\omega C}\right)^2}} \tag{3-2}$$

式中，信号源角频率 $\omega=2\pi f$、容抗 $X_C=\frac{1}{\omega C}$、感抗 $X_L=\omega L$。

各参数随 f 变化的趋势如图 3-22 所示。ω（即 $2\pi f$）很小时，电路总阻抗 $Z\rightarrow\sqrt{R^2+\left(\frac{1}{\omega C}\right)^2}$；$\omega$ 很大时，电路总阻抗 $Z\rightarrow\sqrt{R^2+(\omega L)^2}$，当 $\omega L=\frac{1}{\omega C}$，容抗感抗互相抵消，电路总阻抗 $Z=R$，为最小值，而此时回路电流则成为最大值 $I_{\max}=\frac{U_i}{R}$，这个现象即为谐振现象。发生谐振时的频率 f_0 称为谐振频率，此时的角频率 ω_0 即为谐振角频率，它们之间的关系为

$$\omega=\omega_0=\sqrt{\frac{1}{LC}} \tag{3-3}$$

$$f_0=\frac{\omega_0}{2\pi}=\frac{1}{2\pi\sqrt{LC}} \tag{3-4}$$

谐振时，通常用品质因数 Q 来反映谐振电路的固有性质

$$Q=\frac{Z_C}{R}=\frac{Z_L}{R}=\frac{U_C}{U_R}=\frac{U_L}{U_R} \tag{3-5}$$

$$Q=\frac{1}{\omega_0 RC}=\frac{\omega_0 L}{R}=\frac{1}{R}\sqrt{\frac{L}{C}} \tag{3-6}$$

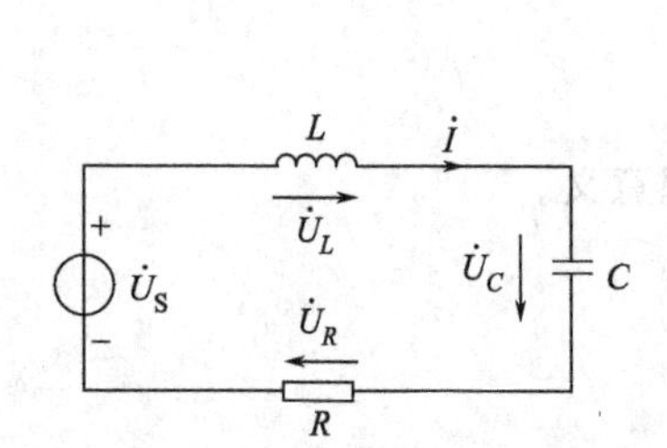

图 3-21 串联谐振电路

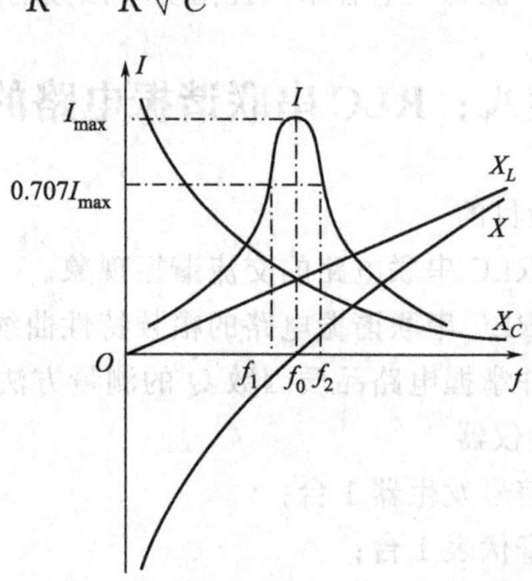

图 3-22 RLC 串联谐振电路 I 随 f 的变化曲线

结论：

① 在谐振时，$U_R=U_i$，$U_L=U_C=QU_i$，所以电感和电容上的电压达到信号源电压的 Q 倍，故串联谐振电路又称为电压谐振电路。

② Q 值决定了谐振曲线的尖锐程度，或称为谐振电路的通频带宽度，见图 3-22，当电流 I 从最大值 I_{max} 下降到 $\frac{1}{\sqrt{2}}I_{max}$ 时，在谐振曲线上对应有两个频率 f_1 和 f_2，$BW=f_2-f_1$，即为通频带宽度。显然，BW 越小，曲线的峰就越尖锐，电路的选频性能就越好，可以证明

$$Q=\frac{f}{BW} \tag{3-7}$$

(4) 实验内容

① 测量 RLC 串联电路响应电流的幅频特性曲线和 $U_L(\omega)$、$U_C(\omega)$ 曲线。

实验电路如图 3-21 所示，选取元件 $R=500\Omega$，$L=350\text{mH}$、$C=0.3\mu\text{F}$。调节低频信号发生器输出电压 $U_S=4\text{V}$（有效值）不变，测量表 3-28 所列频率时的 U_R、U_L 和 U_C 值并记录。

该 RLC 串联电路，$f_0=460\text{Hz}$ 左右，为了在谐振频率附近多测几个点，表 3-28 中在 450～500Hz 之间空出两格，由实验者根据情况确定两个频率，进行测量。

为了找出谐振频率 f_0 以及出现 U_C 最大值时的频率 f_C，U_L 出现最大值时的频率 f_L，

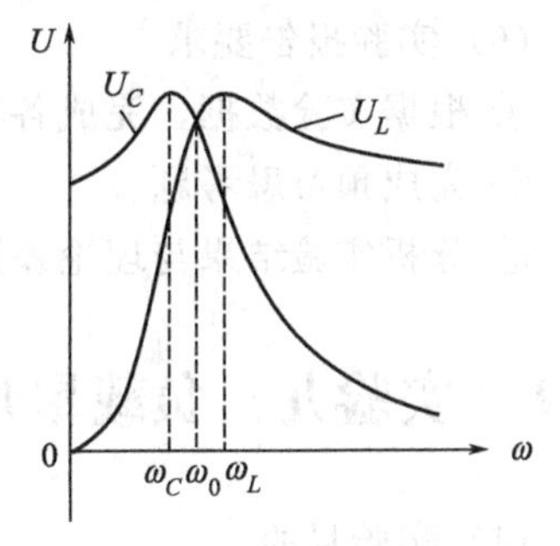

图 3-23　$U_L(\omega)$、$U_C(\omega)$曲线

可先将频率由低到高初测一次，画出曲线草图如图 3-23，然后根据曲线形状选取频率，进行正式测量。

② 保持U和L、C数值不变，改变$R=1000\Omega$（即改变回路Q值）。重复上述实验，但只测量U_R值，并记录于表 3-29 中。这时谐振频率不变，而回路的品质因数Q值降低了，在此条件下，再作出电路响应电流的幅频特性曲线。

由于实验中使用电源频率较高，需要用交流毫伏表来测量电压，电路中的电流则用测量已知电阻上电压降的方法求出。

表 3-28　测量电流的幅频特性曲线和 $U_L(\omega)$、$U_C(\omega)$ 曲线

f/Hz	100	200	400	450			500	550	600	800	1000
U_C/V											
U_L/V											
U_R/V											
$\frac{U_R}{R}=I$/mA											

表 3-29　测 $R=1000\Omega$ 时电流的幅频特性曲线

f/Hz	100	200	400	450			500	550	600	800	1000
U_R/V											
$\frac{U_R}{R}=I$/mA											

③ 注意事项如下。

a. 每次改变信号电源的频率后，注意调节输出电压（有效值），使其保持为定值。

b. 实验前应根据所选元件数值，从理论上计算出谐振频率f_0，以便和测量值加以比较。

c. 根据实验数据，在坐标纸上绘出不同Q值下的响应电流的幅频特性曲线和$U_L(\omega)$、$U_C(\omega)$曲线（只画高Q值的）。

(5) 预习思考题

① 实验中，当 RLC 串联电路发生谐振时，是否有$U_R=U$和$U_C=U_L$？若关系式不成立，试分析其原因。

② 可以用哪些实验方法判别电路处于谐振状态？

③ 通过实验总结 RLC 串联谐振电路的主要特点。

④ 为了比较不同Q值下的I-f曲线，可将第二条幅频曲线所有数值均乘以一个比例数，使谐振时的电流值相同。

⑤ 谐振时，回路的品质因数可用测得数按下列几种方法计算

$$Q=\frac{U_L}{U};\ Q=\frac{U_C}{U},\ Q=\frac{\omega_0 L}{R};\ Q=\frac{1}{\omega_0 CR}$$

哪一种结果较为正确？

（6）实验报告要求

① 根据实验数据，完成各项计算。

② 完成预习思考题。

③ 分析实验结果与理论差别的原因。

3.9　实验九：负载星形、三角形连接的三相交流电路研究

（1）实验目的

① 电路中负载作星形和三角形连接的正确方法。

② 验证三相对称负载作星形、三角形连接时负载的相电压和线电压、相电流和线电流之间的关系。

（2）实验仪器

实验仪器如表 3-30 所示。

表 3-30　实验仪器

序号	名称	型号规格	数量	备注
1	交流电压表	0-150-300V	1	D33
2	交流电流表	0-1-2A	1	D32
3	三相自耦调压器		1	DG01
4	三相灯组负载	220V/40W 白炽灯	9	DG08
5	电门插座		3	

（3）实验原理

① 在三相电路中，负载的连接方法有两种——星形和三角形连接。在对称星形连接中，线电流等于相电流，线电压等于相电压的$\sqrt{3}$倍，中线电流等于零。在对称三角形连接中，线电压等于相电压，线电流等于相电流的$\sqrt{3}$倍。但在不对称负载作三角形连接时，$I_l \neq \sqrt{3} I_p$，但只要电源线电压 U_l 对称，加在三相负载上的电压仍是对称的，对各相负载的工作没有影响。

② 中线的作用是使星形连接的不对称负载的相电压对称，为了保证负载的相电压对称不能让中线断开，必须接牢靠，倘若中线断开，会导致各相负载电压变化且相互影响。

（4）实验内容

① 按图 3-24 接实验线路，调自耦变压器使输出的三相线电压为 220V，各相负载为 2 只 220V/40W 的并联灯泡，分别测量三相负载的线电压、相电压、线电流、相电流、中线电流、电源与负载中点间的电压。并将所测的数据记入表 3-31 中。除掉中线，重复上述测量记入表 3-31 然后接上中线。

② 星形连接负载不对称：即 U 相负载开路（U 相灯泡关闭），V 相负载不变（仍为 2 只灯泡），W 相负载增加（改为 4 只灯泡），电源线电压仍为 220V，测出三相负载的相电压、相电流、中线电流、电源与负载中点间的电压 $U_{NN'}$。

③ 在上述不对称情况下，去掉中线重测上述各量并将结果记入表 3-32，注意观察灯泡亮度的变化，并体验中线的作用。检查数据后，拆除线路。

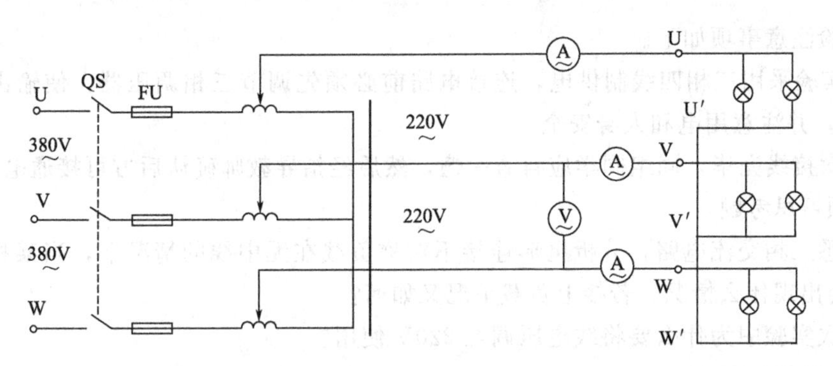

图 3-24　负载星形连接接线图

表 3-31　星形连接对称负载

	线电压/V			相电压/V			线（相）电流/A			中线电流/A	中点电压/V
	U_{12}	U_{23}	U_{31}	U_1	U_2	U_3	I_U	I_V	I_W	I_N	$U_{NN'}$
有中线											
无中线											

表 3-32　星形连接不对称负载

	线电压/V			相电压/V			线（相）电流/A			中线电流/A	中点电压/V
	U_{12}	U_{23}	U_{31}	U_1	U_2	U_3	I_U	I_V	I_W	I_N	$U_{NN'}$
不对称有中线											
不对称无中线											

④ 负载三角形连接（三相三线制供电），按图 3-25 接线，电源输出电压仍为 220V。测出各相负载的相、线电压，相、线电流，记入表 3-33。检查数据后，拆除线路。

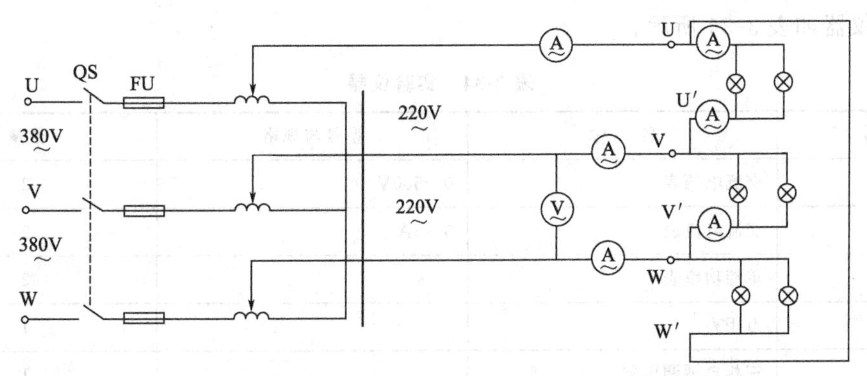

图 3-25　负载三角形连接接线图

表 3-33　三角形连接电压电流

	开灯盏数/只			相（线）电压/V			线电流/A			相电流/A		
	UV相	VW相	WU相	U_{12}	U_{23}	U_{31}	I_U	I_V	I_W	I_{12}	I_{23}	I_{31}
三相平衡	2	2	2									
三相不平衡	0	2	4									

⑤ 实验注意事项如下。

a. 本实验采用三相四线制供电，连接电路前必须先调节三相调压器，使输出的三相电压为 220V，并注意用电和人身安全。

b. 每次接线完毕，同组同学应自查一遍，然后经指导教师确认后方可接通电源。

(5) 预习思考题

① 熟悉三相交流电路，分析星形连接不对称负载在无中线的情况下，当某相负载开路或短路时会出现什么情况。若接上负载情况又如何？

② 本次实验中为什么要将线电压调至 220V 使用？

(6) 实验报告要求

① 用实验测得的数据检验对称三相电路中相、线电压（电流）间的$\sqrt{3}$倍的关系。

② 根据实验数据和观察到的现象总结三相四线制供电系统中中线的作用。

③ 不对称三角形连接的负载能否正常工作？通过实验来说明。

④ 分别作星形连接对称负载的相、线电压相量图及三角形连接对称负载的相、线电流图，并说明大小及相位关系。

⑤ 心得体会及其他。

3.10 实验十：三相电路的功率测量

(1) 实验目的

① 掌握用一瓦特表法、二瓦特表法测量三相电路有功功率与无功功率的方法。

② 进一步熟练掌握功率表的接线和使用方法。

(2) 实验仪器

实验仪器如表 3-34 所示。

表 3-34 实验仪器

序号	名 称	型号与规格	数量
1	交流电压表	0～500V	2
2	交流电流表	0～5A	2
3	单相功率表		2
4	万用表		1
5	三相自耦调压器		1
6	三相灯组负载	220V/15W 白炽灯	9
7	三相电容负载	1μF，2.2μF，4.7μF/500V	各 3

(3) 实验原理

① 对于三相四线制供电的三相星形连接的负载（即 Y_0 接法），可用一只功率表测量各相的有功功率 P_U、P_V、P_W，则三相负载的总有功功率 $\Sigma P = P_U + P_V + P_W$。这就是一瓦特表法，如图 3-26 所示。若三相负载是对称的，则只需测量一相的功率，再乘以 3 即得三

相总的有功功率。

② 三相三线制供电系统中，不论三相负载是否对称，也不论负载是星形连接还是三角形连接，都可用二瓦特表法测量三相负载的总有功功率。测量线路如图 3-27 所示。若负载为感性或容性，且当相位差 $\varphi>60°$ 时，线路中的一只功率表指针将反偏（数字式功率表将出现负读数），这时应将功率表电流线圈的两个端子调换（不能调换电压线圈端子），其读数应记为负值。而三相总功率 $\sum P=P_1+P_2$（P_1、P_2 本身不含任何意义）。

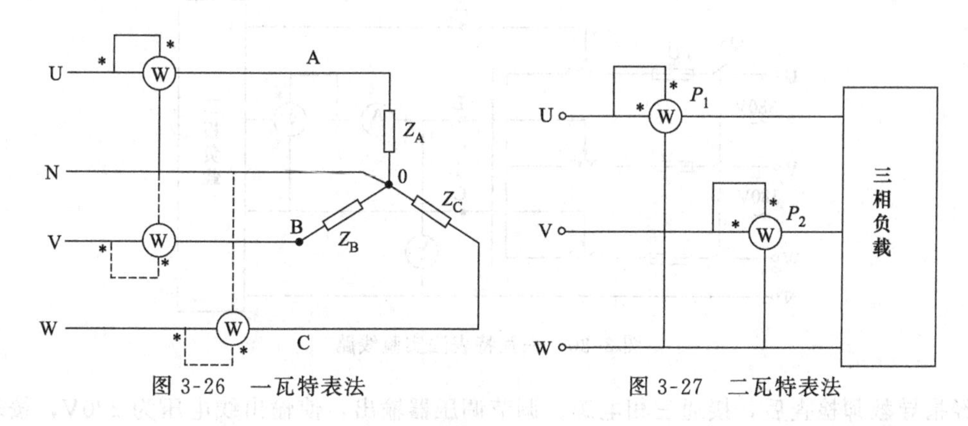

图 3-26　一瓦特表法　　图 3-27　二瓦特表法

除图 3-27 的 I_U、U_{UW} 与 I_V、U_{VW} 接法外，还有 I_V、U_{UV} 与 I_W、U_{UW} 以及 I_U、U_{UV} 与 I_W、U_{VW} 两种接法。

③ 对于三相三线制供电的三相对称负载，可用一瓦特表法测得三相负载的总无功功率 Q，测试原理线路如图 3-28 所示。图示功率表读数的 $\sqrt{3}$ 倍即为对称三相电路总的无功功率。除了此图给出的一种连接法（I_U、U_{VW}）外，还有另外两种连接法，即接成（I_V、U_{UW}）或（I_W、U_{UV}）。

④ 三瓦特表法测量有功功率。对于三相四线制供电的三相星形连接的负载，无论负载对称与否，均可用三只功率表分别测出各相负载的有功功率，然后将各相的功率相加而得到三相电路的有功功率，此种方法简称三瓦特表法，如图 3-29 所示。

$$P=P_U+P_V+P_W$$

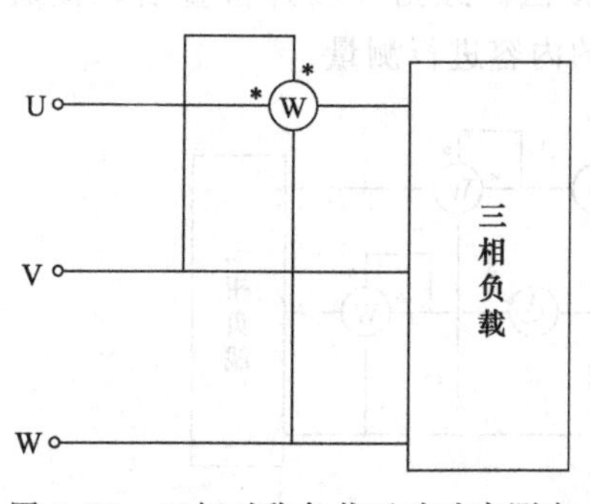

图 3-28　三相对称负载无功功率测定

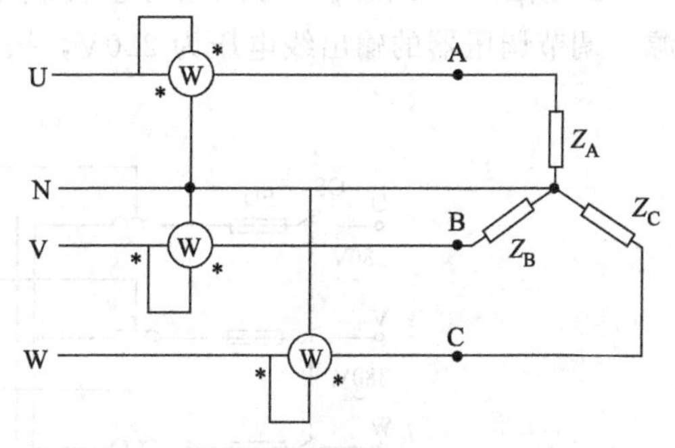

图 3-29　三瓦特表法测量有功功率电路

若三相负载是对称的，每相负载所消耗的功率相等，只需测出一相负载的功率，即可得到三相负载所消耗的功率。

$$P=3P_U=3P_V=3P_W$$

（4）实验内容

① 用一瓦特表法测定三相对称 Y_0 以及不对称 Y_0 接法负载的总功率 ΣP 实验按图3-30线路接线。线路中的电流表和电压表用以监视该相的电流和电压，不要超过功率表电压和电流的量程。

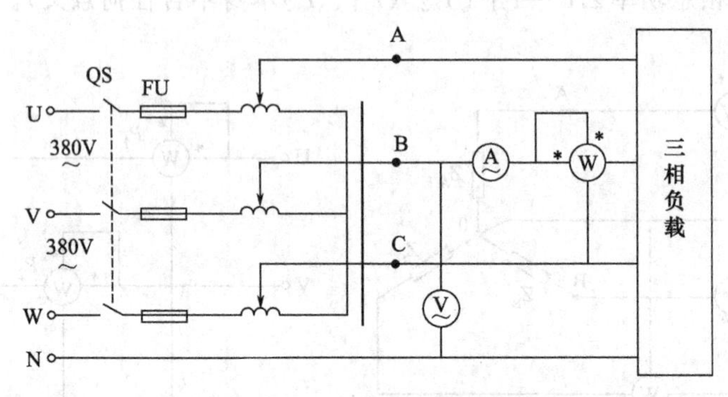

图 3-30 一瓦特表法实验线路

经指导教师检查后，接通三相电源，调节调压器输出，使输出线电压为 220V，按表 3-35 的要求进行测量及计算。

表 3-35 一瓦特表法实验数据记录

负载情况	开灯盏数			测量数据			计算值
	U 相	V 相	W 相	P_U/W	P_V/W	P_W/W	ΣP/W
Y_0接对称负载	2	2	2				
Y_0接不对称负载	0	2	4				

首先将三只表按图 3-30 接入 V 相进行测量，然后分别将三只表换接到 U 相和 W 相，再进行测量。

② 用二瓦特表法测定三相负载的总功率。

a. 按图 3-31 接线，将三相灯组负载接成星形接法。经指导教师检查后，接通三相电源，调节调压器的输出线电压为 220V，按表 3-36 的内容进行测量。

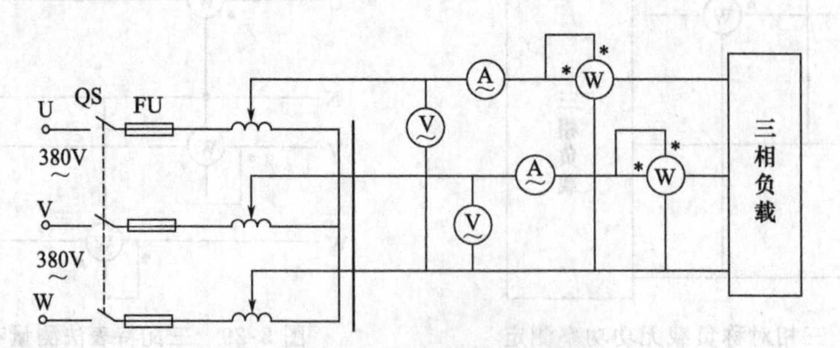

图 3-31 二瓦特表法实验线路

b. 将三相灯组负载改成三角形接法，重复 a 的测量步骤，数据记入表 3-36 中。

表 3-36　二瓦特表法实验数据记录

负载情况	开灯盏数			测量数据		计算值
	U 相	V 相	W 相	P_U/W	P_V/W	ΣP/W
星形连接平衡负载	2	2	2			
星形连接不平衡负载	0	2	4			
三角形连接不平衡负载	0	2	4			
三角形连接平衡负载	2	2	2			

c. 将两只瓦特表依次按另外两种接法接入线路，重复 a、b 的测量（表格自拟）。

③ 用一瓦特表法测定三相对称星形负载的无功功率　按图 3-32 所示的电路接线。

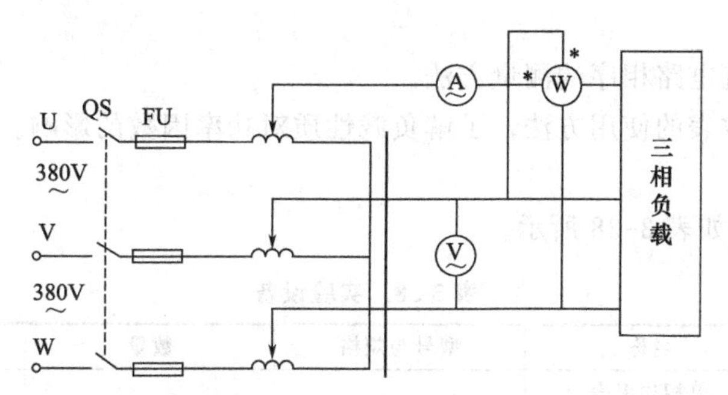

图 3-32　一瓦特表法测定三相对称星形负载的无功功率

a. 每相负载由白炽灯和电容器并联而成，并由开关控制其接入。检查接线无误后，接通三相电源，将调压器的输出线电压调到 220V，读取三表的读数，并计算无功功率 ΣQ，记入表 3-37。

b. 分别按 I_V、U_{UW} 和 I_W、U_{UV} 接法，重复 a 的测量，并比较各自的 ΣQ 值。

表 3-37　瓦特法测定三相对称星形负载无功功率数据记录

接法	负载情况	测量值			计算值
		U/V	I/A	Q/Var	$\Sigma Q=\sqrt{3}Q$
I_U，U_{VW}	Ⅰ. 三相对称灯组（每相开 2 只）				
	Ⅱ. 三相对称电容器（每相 4.7μF）				
	Ⅲ. Ⅰ、Ⅱ的并联负载				
I_V，U_{VW}	Ⅰ. 三相对称灯组（每相开 2 只）				
	Ⅱ. 三相对称电容器（每相 4.7μF）				
	Ⅲ. Ⅰ、Ⅱ的并联负载				
I_W，U_{VW}	Ⅰ. 三相对称灯组（每相开 2 只）				
	Ⅱ. 三相对称电容器（每相 4.7μF）				
	Ⅲ. Ⅰ、Ⅱ的并联负载				

④ 实验注意事项如下。

每次实验完毕，均需将三相调压器旋钮调回零位。每次改变接线，均需断开三相电源，以确保人身安全。

（5）预习思考题

① 复习二瓦特表法测量三相电路有功功率的原理。

② 复习一瓦特表法测量三相对称负载无功功率的原理。

③ 测量功率时为什么在线路中通常都接有电流表和电压表？

（6）实验报告

① 完成数据表格中的各项测量和计算任务。比较一瓦特表和二瓦特表法的测量结果。

② 总结、分析三相电路功率测量的方法与结果。

3.11 实验十一：功率因数及相序测量

（1）实验目的

① 掌握三相交流电路相序的测量方法。

② 熟悉功率因数表的使用方法，了解负载性质对功率因数的影响。

（2）实验仪器

实验中所需设备如表 3-38 所示。

表 3-38 实验设备

序号	名称	型号与规格	数量	备注
1	单相功率表			D34
2	交流电压表			D33
3	交流电流表			D32
4	白炽灯组负载	220V/15W	3	DG08
5	电感线圈	40W 日光灯管配用	1	DG09
6	电容器	0.47μF/450V		DG09
7	刀开关		3	DG09

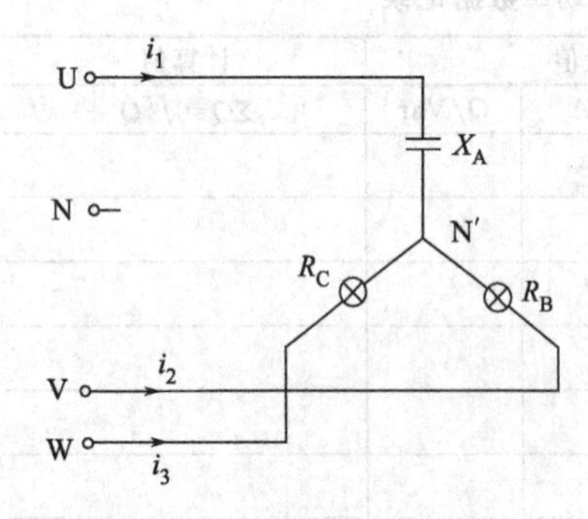

图 3-33 相序指示器电路

（3）实验原理

图 3-33 所示为相序指示器电路，用以测定三相电源的相序 U，V，W。它是由一个电容器和两个同阻值电灯连接成的星形不对称三相负载电路。如果电容器所接的是 U 相，则灯光较亮的是 V 相，较暗的是 W 相（相序是相对的，任何一相均可作为 U 相，但 U 相确定后，V 和 W 两相也就确定了）。

为了分析问题简单，设 $X_C=R_B=R_C=R$，$\dot{U}_1=U\angle 0°$为参考相量，电源的中点 N 作为参考结点，根据结点电压法负载中点和电源中点的电压为

$$U'_{N'N}=\frac{\dot{U}_1\cdot \mathrm{j}wC+\dfrac{\dot{U}_2}{R}+\dfrac{\dot{U}_3}{R}}{\mathrm{j}wC+\dfrac{1}{R}+\dfrac{1}{R}}=\frac{U\mathrm{j}+U\angle-120°+U\angle 120°}{\mathrm{j}+2}=(-0.2+\mathrm{j}0.6)\,U_P$$

那么 V 相灯泡所承受的电压

$$\dot{U}_{VN'}=\dot{U}_{VN}-\dot{U}_{N'N}=U\angle(-120°)-(-0.2+j0.6)U=(-0.3-j1.47)U$$

W 相灯泡两端电压

$$\dot{U}_{WN'}=\dot{U}_{WN}-\dot{U}_{N'N}=U\angle120°-(-0.2+j0.6)U=(-0.3+j0.266)U$$

所以 $U_{VN'}=1.5U$，$U_{WN'}=0.4U$，由此可见灯泡亮的一相是 V 相，暗的一相是 W 相，从而确定出电源的相序。

（4）实验内容

① 相序的测定

a. 按图 3-33 所示电路接线，取 220V/15W 白炽灯两只，0.47μF/450V 电容器一只，经三相调压器接入线电压为 220V 的三相交流电源，观察两只灯泡的明亮状态，判断三相交流电源的相序。

b. 将电源线任意调换两根后再接入电路，观察两灯的明亮状态，判断三相交流电源的相序。

② 电路功率（P）和功率因数（cos$F$）的测定　按图 3-34 所示接线，按表 3-39 的开关状态合闸，记录 cos$F$ 表及其他各表的读数，并分析负载性质。

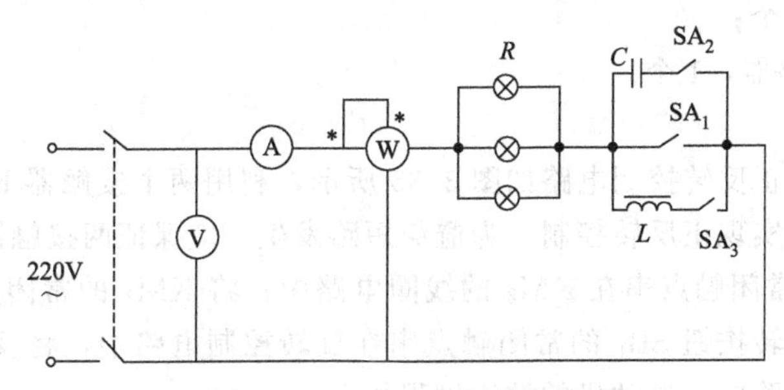

图 3-34　P，cos$F$ 测量电路

表 3-39　开关状态记录

开关状态	U/V	U_R/V	U_L/V	U_C/V	I/A	P/W	cos$F$	负载性质
SA_1合；SA_2及SA_3随意								
SA_2合；SA_1及SA_3断								
SA_3合；SA_1及SA_2断								
SA_2及SA_3合；SA_1断								

③ 实验注意事项：每次改接电路都必须先断开电源。

（5）预习思考题

根据电路理论来分析图 3-33 电路检测相序的原理。

（6）实验报告要求

① 简述实验电路的相序检测原理。

② 根据三表测量的数据，计算出 cos$F$，并与 cos$F$ 的读数比较，分析误差原因。

③ 分析负载性质对的 cos$F$ 影响。

④ 心得体会及其他。

3.12 实验十二：三相异步电动机的正反转控制

（1）实验目的

① 对交流接触器、按钮开关、热继电器有直观认识并学会使用，加深理解常用低压控制电器的作用及原理。

② 通过实际操作掌握电气控制线路的安装接线，加强对电气控制原理的理解。

（2）实验仪器设备

① 三相鼠笼电动机，1 台；

② 交流接触器，2 个；

③ 热继电器，1 个；

④ 按钮开关，3 个；

⑤ 自动空气断路器，1 个。

（3）实验原理

三相异步电动机正反转控制电路如图 3-35 所示，利用两个接触器 KM_1 和 KM_2 通过改变定子绕组电源相序实现正反转控制。为避免短路发生，应保证两接触器不能同时处于通电状态。即将 KM_1 的常闭触点串在 KM_2 的线圈电路中；将 KM_2 的常闭触点串在 KM_1 的线圈电路中。同时将正转按钮 SB_1 的常闭触点串在反转控制电路中，将反转按钮 SB_2 的常闭触点串在正转控制电路中。电动机的控制过程如下。

按下 SB_1→KM_1 线圈通电→KM_1 主触点闭合，电动机正转运行；同时常开触点闭合自锁，常闭触点断开，联锁。按下 SB_3→KM_1 线圈断电→主触点断开，电动机停转；同时常开触点断开，常闭触点闭合，恢复常态。按下 SB_2 动作原理同正转，只是此时 KM_2 工作电动机反转。

当电动机正转时按下反转按钮，因有机械互锁电动机先断电后反转，不会造成短路。反之亦然。

控制电路除可控制正反转外，还有短路、过载、欠压保护。当电动机短路或过载、欠电压时，能自动切断电源，防止电源短路及欠压、过载对电动机造成危害。

（4）实验内容

① 观察各电器的外形结构，图形符号及接线方法。

② 仔细阅读电动机铭牌，根据要求接成星形或三角形连接，检查电源电压，线电压应为 380V。

③ 按图 3-35 接线，接线时先接主电路，再接控制电路。接控制线路时先接串联电路再接并联电路。电路接好后应先进行自查，然后经指导老师检查后方可进行通电操作。

④ 按正向启动按钮 SB_1，电动机应能正常启动。电动机转动后观察转向是否正确，若

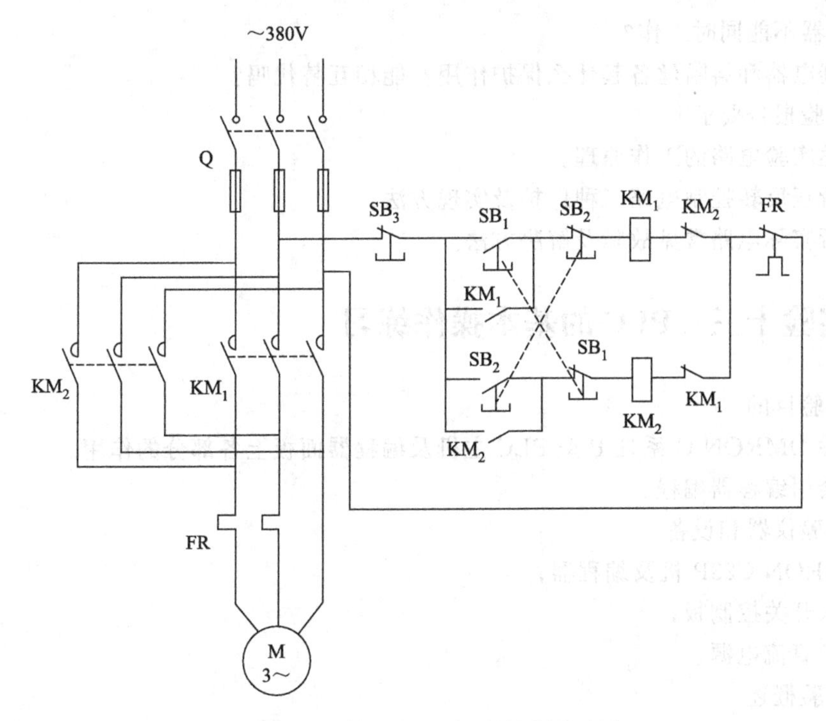

图 3-35　三相电动机正反转控制线路图

不是正转将电源端的任意两根电源线对调。正转运行后按停止按钮 SB_3，电动机应能够停止。观察整个过程中继电器动作情况。

⑤ 按反转按钮 SB_2，电动机应能够反转。若还为正转说明主电路 KM_2 主触点接线有问题，没有调相。反转运行后按停止按钮 SB_3 电动机应能够停止。若不停止，说明 SB_3 没被串在电路里。

⑥ 电动机正转运行时直接按反转按钮，反转运行时直接按正转按钮，均应能够达到安全改变转向，没有短路现象。

⑦ 电动机停稳后，同时按下 SB_1 和 SB_2 按钮，应不会出现短路等异常情况。

⑧ 故障诊断如下。

a. 按启动按钮（SB_1 或 SB_2），接触器吸合，但电动机不转且发出嗡嗡响声；或电动机能启动但转速很慢，这种情况故障来自主电路，大多因电源电压过低、缺相，或电动机一相断路等。

b. 按启动按钮（SB_1 或 SB_2），接触器频繁通断发出连续的劈啪声或吸合不牢发出颤动声，此类故障来自控制电路。原因可能为：电源电压过低吸合不牢造成连续通断；自锁触头接触不良，时通时断；接触器线圈与自身的常闭触点串接在同一线路中。

c. 若按着 SB_1（或 SB_2）电动机转动，抬手后电动机自动停止说明没有并联自锁触点。正转（反转）时按下反转（正转）按钮出现短路跳闸，原因是互锁触点连接不可靠或没接。

（5）预习思考题

① 认真学习正反转控制电路中互锁、自锁的作用及连接方法。

② 若两个接触器的线圈同时工作会有什么不良现象发生？在实际电路中采取哪些措施

保证两接触器不能同时工作？

③ 热继电器和熔断丝各起什么保护作用？能相互替代吗？

(6) 实验报告要求

① 简述实验电路的工作原理。

② 分析正反转控制电路三种保护及实现方法。

③ 分析实际电路常见故障及解决方法。

3.13 实验十三：PLC的基本操作练习

(1) 实验目的

① 熟悉OMRON C系列P型PLC主机及编程器面板上各部分的作用。

② 学会用编程器编程。

(2) 实验仪器和设备

① OMRON C28P机及编程器；

② 输入开关控制板；

③ 24V直流电源。

(3) 实验概述

可编程控制器（PLC）是近年来发展极为迅速、应用越来越广泛的工业控制装置。它不仅可以取代继电器、控制盘为主的顺序控制器，而且成为生产过程控制的重要手段，在工业上的应用越来越广泛。

目前生产可编程序控制器的厂家很多，不同的编程器在结构、性能、指令系统、编程器上各有不同，本实验采用的PLC是日本OMRON公司生产的C28P，I/O点数为16/12。

本实验用来了解PLC是如何工作的，包括编程以及对编程器的操作等。

(4) 实验内容及步骤

1) 接线　首先根据接线图3-36，在主机输入端子上接模拟开关（如在0001和0002两个端子上接两个开关）。注意OMRON C28P提供输入端子所需的24V直流电源。然后接主机电源，连接主机与编程器，将工作开关放在“PROGRAM”状态。下面以图3-37所示的梯形图为例说明编程过程。

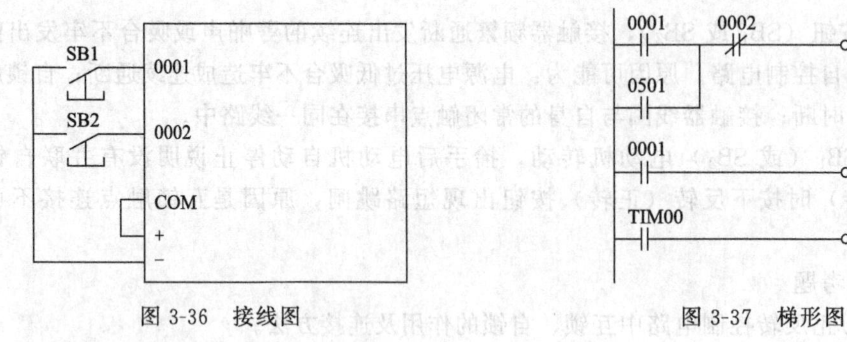

图3-36　接线图

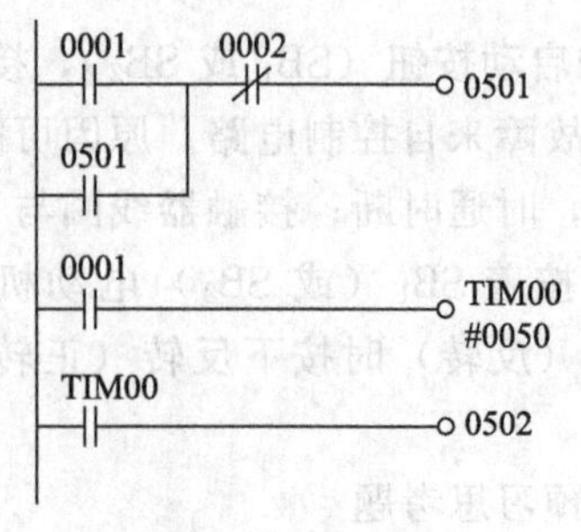

图3-37　梯形图

2）编程操作

① 程序清零。将主机 RAM 中的程序清零，其按键操作过程为

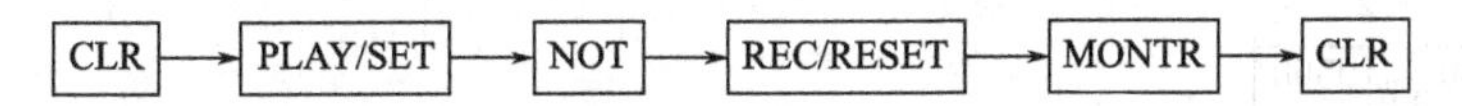

显示屏上显示为“0000”，便是 RAM 中的程序已经被清零，地址从“0000”开始建立。若地址从“0200”开始，则按 0200 数字键即可。

② 程序写入。下面举例说明程序写入的方法。

a. 将 LD 0001 写入主机 RAM 中，按键过程为 LD → 1 → WRITE

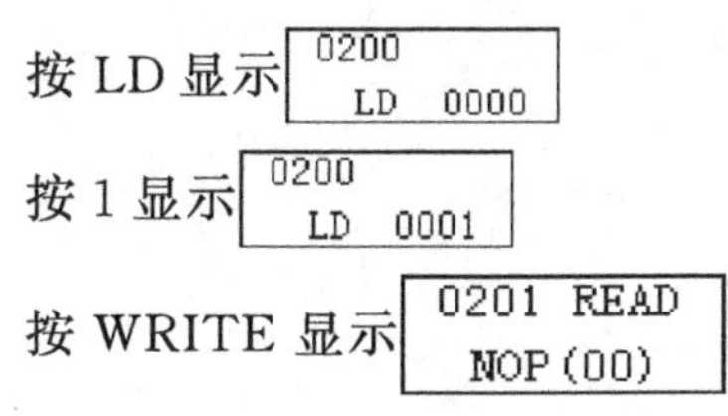

按 WRITE 键后，指令 LD0001 写入内存，并且显示屏上的地址加 1。READ 意味着正在读程序，而 NOP 意味新地址 0201 处没有任何操作，可以输入下一条指令。这里每输入一条指令后都要按 WRITE 键，否则不能将指令写入内存。

b. 在地址 0210 处输入 TIM00 ＃0050 指令，按键过程为

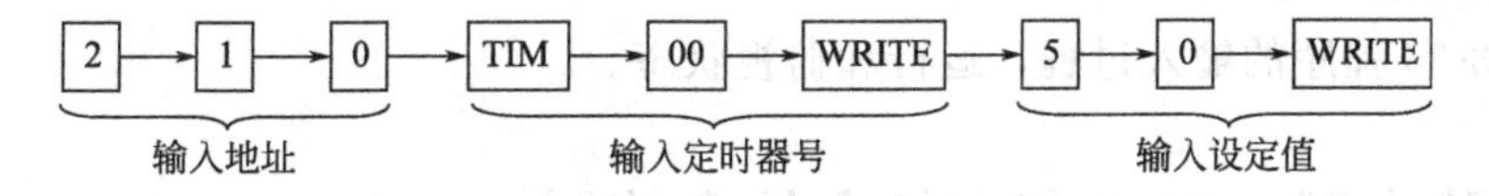

按两次 WRITE 键，只输入一条指令，地址仅增加 1。

有关 CNT 指令的输入与 TIM 指令类似。

c. 程序输入完毕，应输入 END 指令，输入 END 指令按键过程如下

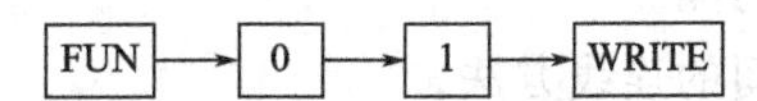

③ 程序读出。把已经输入到 PLC 中的程序读出进行校对，过程为：输入程序的首地址，然后按向下的指针键。读出指令。继续向下的指针键，直到程序结束。

④ 程序检查。输入程序后，可按 CLR 键和 SRCH 键检查输入的程序是否有误。

⑤ 程序修改。

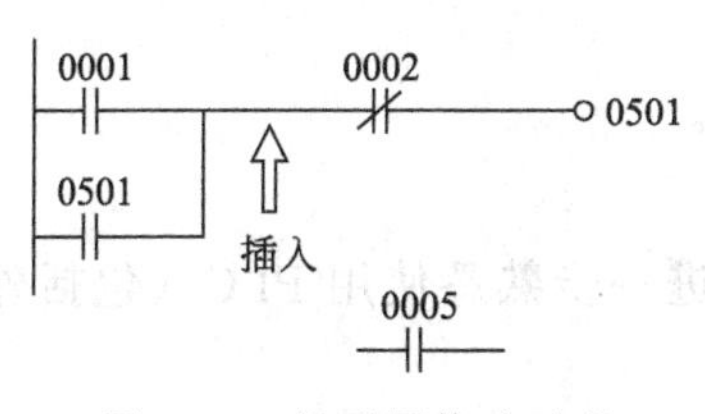

图 3-38　梯形图修改示意

a. 插入语句。如图 3-38 所示，把常开触点 0005 插入到常闭触点 0002 之前。

操作过程为：读出 AND NOT 0002 指令，然后输入 AND 0005 指令，按 INS 键，这时显示 INSERT? 提示，按↓键，指令 AND 0005 即插入进去了。

b. 删除指令。若将图 3-38 中插入的指令 AND 0005 删除，过程为：读出 AND 0005 指令，按 DEL 键，再按↑键。

3）运行操作　将运行开关接通，使主机进入运行状态，并使编程器处于 RUN 或 MONITOR 的状态下，以便监视数据。

① 监视 I/O 继电器状态。例如监视 0501 的状态，操作过程如下。

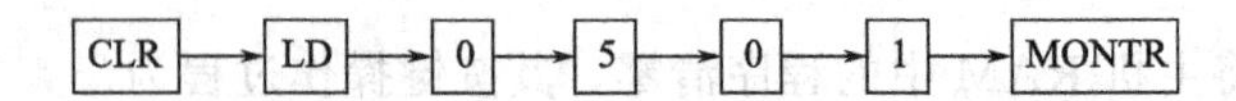

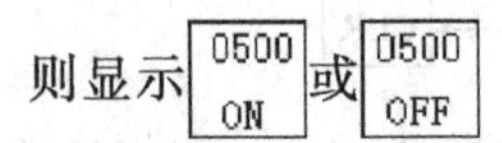

② 对 CNT/TIM 的监视。例如监视 TIM00 的状态，其操作过程为

CLR → TIM → 0 → 0 → MONTR

每隔 100ms，TIM 数值减 1，直到减为 0000，显示

T00
O0000

在 0000 前的字母 O 表示 TIM00 继电器状态为 ON。

(5) 实验预习要求

① 复习有关 PLC 的基本知识、基本结构、工作原理、梯形图和基本指令。

② 阅读附录 2 中有关 PLC 编程器的知识。

(6) 实验报告要求

写出图 3-36 程序的输入过程，运行和监视状态。

3.14 实验十四：PLC 基本指令综合练习

(1) 实验目的

① 掌握 PLC 基本指令的功能。

② 了解 PLC 输出与负载间的连线方法。

③ 进一步熟悉编程器的使用方法。

(2) 实验仪器和设备

① 数字万用表； ② 鼠笼式异步电动机；

③ 交流接触器； ④白炽灯；

⑤ 输入开关量控制板； ⑥ OMRON C28P 机及编程器。

(3) 实验简述

本实验通过控制电动机的正反转以及延时的控制电器，进一步熟悉使用 PLC（包括外电路的连接、编程器的使用等）。

(4) 实验内容与步骤

1) 用 PLC 实现三相异步电动机的正反控制

① 图 3-39 是三相异步电动机的正反转控制电路。图 3-40 是三相异步电动机的正反控制的梯形图，其 I/O 分配表 3-40。根据图 3-39 连接。

② 将图 3-40 的梯形图转换成 PLC 指令助记符。

③ 用编码器输入指令助记符，并运行。

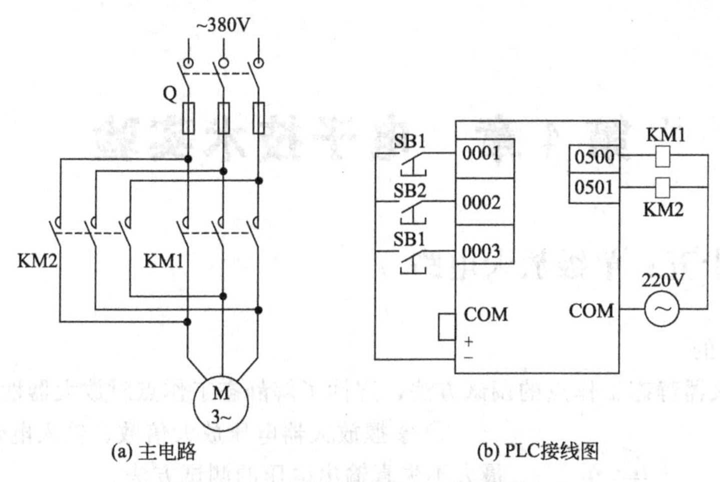

图 3-39　三相异步电动机正反转控制电路

表 3-40　I/O 分配表

	输入点编号	输出设备	输出点编号
正转启动按钮	0001	电机正转接触器	0500
反转启动按钮	0002	电机反转接触器	0501
停止按钮	0003		

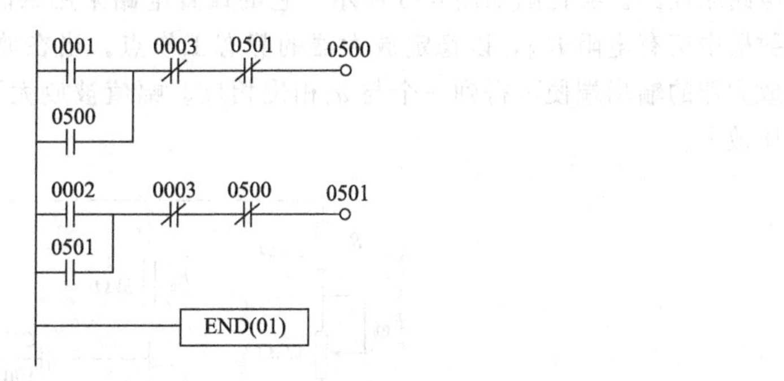

图 3-40　三相异步电动机的正反转控制电路梯形图

2) 自行设计电动机与灯的延时控制

① 控制要求：按下启动按钮，灯亮；灯亮 5s 后电动机自行启动；电动机和灯同时关断。

② 在 PLC 机上验证自己的设计。

(5) 实验预习要求

① 复习 PLC 的编程器操作知识。

② 读懂用 PLC 控制电动机正反的电路图，并根据梯形图写出 PLC 指令助记符。

③ 设计电动机与灯的延时控制电路，画出外部电路、梯形图以及相应的 PLC 指令助记符。

(6) 实验报告要求

通过本实验总结用 PLC 控制电动机正反转和设计顺序延时控制电路的体会。

第 4 章　电子技术实验

4.1　实验十五：单级放大电路

（1）实验目的

① 学会放大器静态工作点的调试方法，定性了解静态工作点对放大器性能的影响。

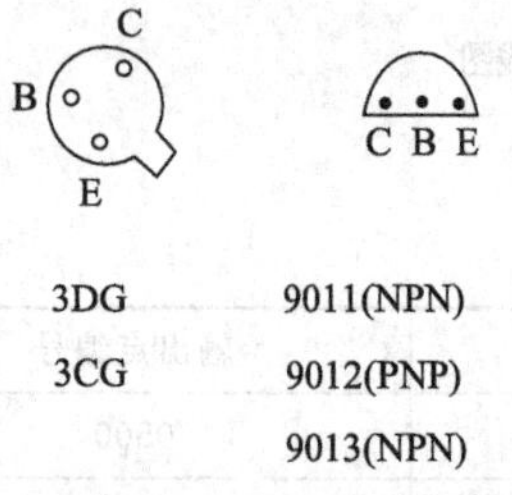

② 掌握放大器电压放大倍数、输入电阻、输出电阻及最大不失真输出电压的测试方法。

C
B
E
C B E

3DG　　9011(NPN)
3CG　　9012(PNP)
　　　　9013(NPN)

图 4-1　常用三极管的引脚排列

（2）实验仪器

① ＋12V 直流电源；　　②函数信号发生器；

③ 双踪示波器；　　④万用表；

⑤ 晶体三极管 3DG6（引脚排列见图 4-1）。

（3）实验原理

图 4-2 为典型的工作点稳定的阻容耦合单管放大器实验电路原理图。实物图如图 4-3 所示。它的偏置电路采用 R_{b1} 和 R_{b2} 组成的分压电路，并在发射极中接有电阻 R_E，以稳定放大器的静态工作点。当在放大器的输入端输入信号 u_i 后，在放大器的输出端便可得到一个与 u_i 相位相反、幅值被放大了的输出信号 u_o，从而实现了电压放大。

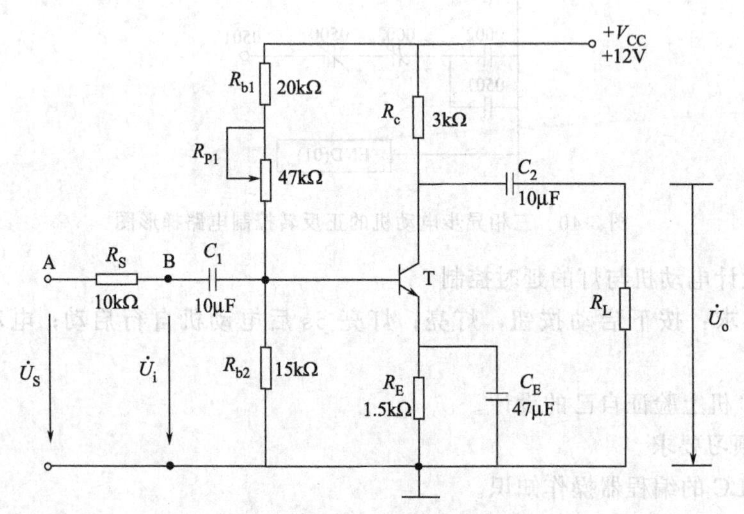

图 4-2　共射极单管放大器实验电路原理图

在图 4-2 所示电路中，静态工作点可用下式估算

$$V_B \approx \frac{R_{b2}}{R_{b1}+R_{b2}} V_{CC}$$

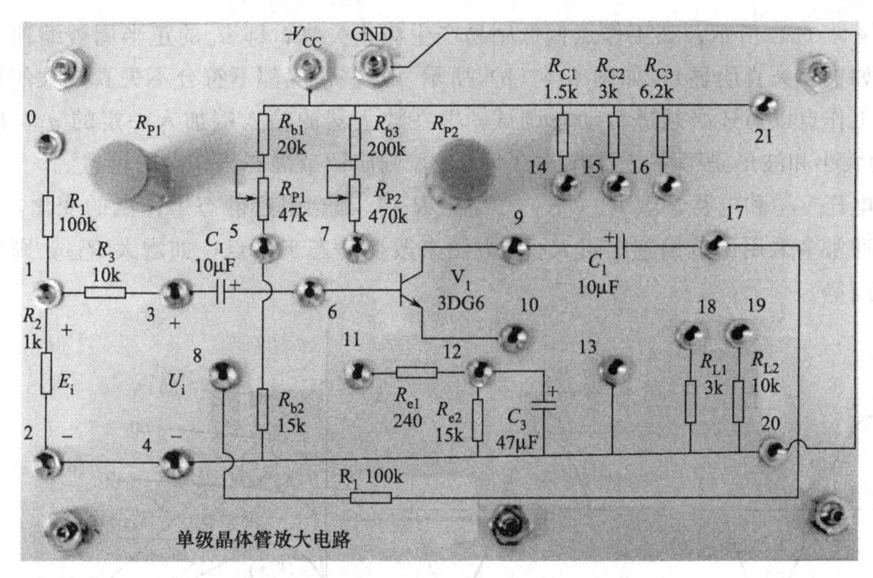

图 4-3　共射极单管放大器实验电路实物图

$$I_E=\frac{V_B-U_{BE}}{R_E}\approx I_C$$

$$U_{CE}=V_{CC}-I_C(R_C+R_E)$$

电压放大倍数

$$A_u=-\beta\frac{R_C/\!/R_L}{r_{be}}$$

输入电阻

$$R_i=R_{b1}/\!/R_{b2}/\!/r_{be}$$

输出电阻

$$R_o\approx R_C$$

放大器的测量和调试一般包括：放大器静态工作点的测量与调试，消除干扰与自激振荡及放大器各项动态参数的测量与调试等。

1）放大器静态工作点的测量与调试

① 静态工作点的测量。测量放大器的静态工作点，应在输入信号 $u_i=0$ 的情况下进行，即将放大器输入端与地端短接，然后选用量程合适的直流毫安表和直流电压表，分别测量晶体管的集电极电流 I_C，各电极对地的电位 V_B、V_C和 V_E。实验中为了避免断开集电极，通常采用测量电压，然后算出 I_C的方法。例如，只要测出 U_E，即可用 $I_C\approx I_E=\frac{V_E}{R_E}$算出 I_C（也可根据 $I_C=\frac{V_{CC}-V_C}{R_C}$，由 V_C确定 I_C），同时也能算出 $U_{BE}=V_B-V_E$，$U_{CE}=V_C-V_E$。为了减小误差，提高测量精度应选用内阻较高的直流电压表。

② 静态工作点的调试。静态工作点是否合适，对放大器的性能和输出波形都有很大影响。如工作点偏高，放大器在加入交流信号以后易产生饱和失真，此时 u_o的负半周将被削

底，如图 4-4（a）所示；如工作点偏低则易产生截止失真，即 u_o的正半周被缩顶（一般截止失真不如饱和失真明显），如图 4-4（b）所示。这些情况都不符合不失真放大的要求。所以在选定工作点以后还必须进行动态调试，即在放大器的输入端加入一定的 u_i，检查输出电压 u_o的大小和波形是否满足要求。如不满足，则应调节静态工作点的位置。

电源电压 V_{CC}和电路参数 R_C、R_b（R_{b1}、R_{b2}）都会引起静态工作点的变化，如图 4-5 所示。但通常多采用调节偏置电阻 R_{b2}的方法来改变静态工作点，如增大 R_{b2}，则可使静态工作点提高等。

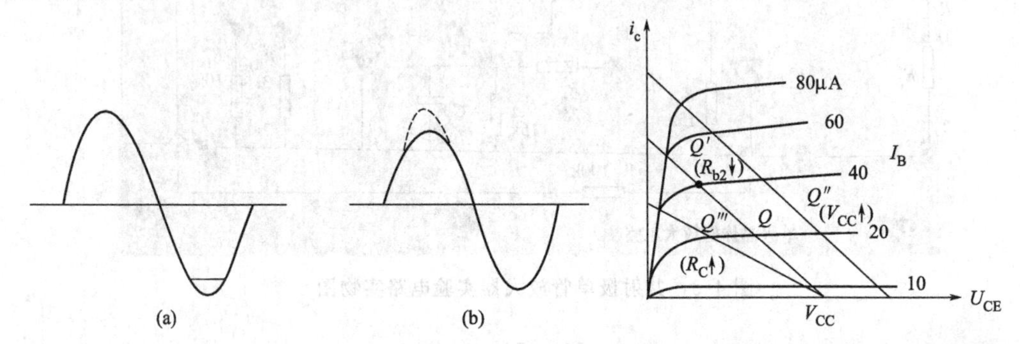

图 4-4 静态工作点对 U_o 波形失真的影响　　图 4-5 电路参数对静态工作点的影响

最后还要说明的是，上面所说的工作点“偏高”或“偏低”不是绝对的，应该是相对信号的幅度而言。如信号幅度很小，即使工作点较高或较低也不一定会出现失真。所以确切地说，产生波形失真是信号幅度与静态工作点设置配合不当所致。如需满足较大信号幅度的要求，静态工作点最好尽量靠近交流负载线的中点。

2）放大器动态指标测试　放大器动态指标包括电压放大倍数、输入电阻、输出电阻、最大不失真输出电压（动态范围）和通频带等。

① 电压放大倍数 A_u 的测量。调整放大器到合适的静态工作点，然后加入输入电压 u_i，在输出电压 u_o不失真的情况下，用交流毫伏表测出有效值 U_i和 U_o，则

$$A_u=-\frac{U_o}{U_i}$$

② 输入电阻 R_i 的测量。为了测量放大器的输入电阻，可按图 4-6 所示电路，在被测放大器的输入端与信号源之间串入一已知电阻 R。在放大器正常工作情况下，用交流毫伏表测出 U_S和 U_i，则根据输入电阻的定义可得

$$R_i=\frac{U_i}{I_i}=\frac{U_i}{\dfrac{U_R}{R}}=\frac{U_i}{U_s-U_i}R$$

测量时应注意如下两点。

a. 由于电阻 R 两端没有电路公共接地点，所以测量 R 两端电压 U_R 时必须分别测出 U_S和 U_i，然后按 $U_R=U_S-U_i$求出 U_R 值。

b. 电阻 R 的值不宜取得过大或过小，以免产生较大的测量误差，通常取 R 与 R_i为同一数量级为好，本实验可取 $R=1\sim2\text{k}\Omega$。

③ 输出电阻 R_o的测量。图 4-6 所示电路，在放大器正常工作条件下，测出输出端不接负载 R_L的输出电压 U_o和接入负载后的输出电压 U_L，根据

$$U_L=\frac{R_L}{R_o+R_L}U_o$$

即可求出 R_o

$$R_o=\left(\frac{U_o}{U_L}-1\right)R_L$$

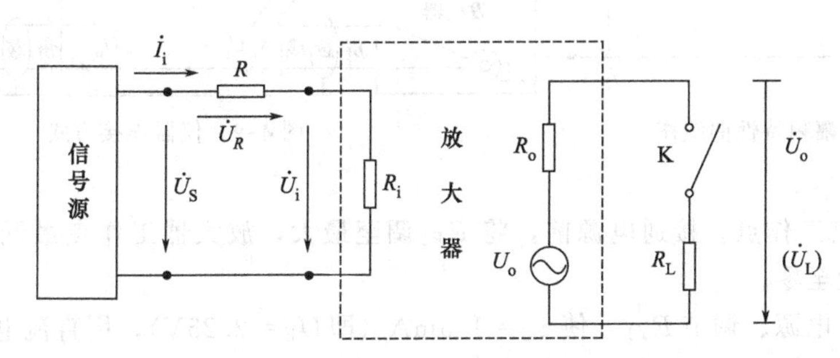

图 4-6 输入、输出电阻测量电路

在测试中应注意，必须保持 R_L接入前后输入信号的大小不变。

④ 最大不失真输出电压 U_{OPP}的测量（最大动态范围）。如上所述，为了得到最大动态范围，应将静态工作点调在交流负载线的中点。为此在放大器正常工作情况下，逐步增大输入信号的幅度，并同时调节 R_{p1}（改变静态工作点），用示波器观察 $\dot{U}_o$，当输出波形同时出现削底和缩顶现象（如图 4-7）时，说明静态工作点已调在交流负载线的中点。然后调整输入信号，使波形输出幅度最大且无明显失真时，用交流毫伏表测出 U_o（有效值），则动态范围等于 $2\sqrt{2}U_o$，或用示波器直接读出 U_{OPP}来。

⑤ 放大器频率特性的测量。放大器的频率特性是指放大器的电压放大倍数 A_u与输入信号频率 f 之间的关系曲线。单管阻容耦合放大电路的幅频特性曲线如图 4-8 所示，A_{um}为中频电压放大倍数，通常规定电压放大倍数随频率变化降到中频放大倍数的 $1/\sqrt{2}$ 倍，即 $0.707A_{um}$所对应的频率分别称为下限频率 f_L和上限频率 f_H，则通频带

$$f_{BW}=f_H-f_L$$

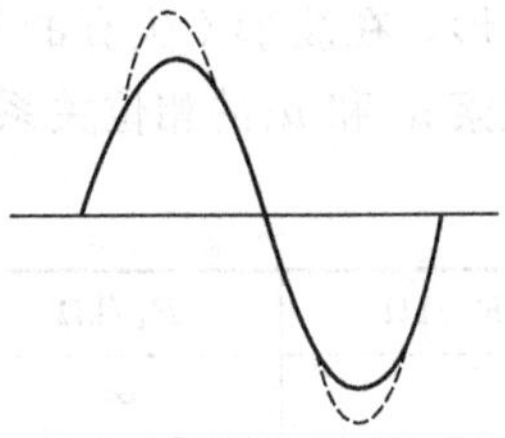

图 4-7 静态工作点正常，输入信号太大引起的失真

放大器的幅频特性就是测量不同频率信号时的电压放大倍数 A_u。为此可采用前述测量 A_u 的方法，每改变一个信号频率，测量其相应的电压放大倍数。测量时应注意取点要恰当，在低频段与高频段应多测几点，在中频段可以少测几点。此外，在改变频率时，要保持输入信号的幅度不变，且输出波形不得失真。

(4) 实验内容

实验电路如图 4-2 所示。各电子仪器可按图 4-9 所示方式连接，为防止干扰，各仪器的公共端必须连在一起，同时信号源、交流毫伏表和示波器的引线应采用专用电缆线或屏蔽线。如使用屏蔽线，则屏蔽线的外包金属网应接在公共接地端上。

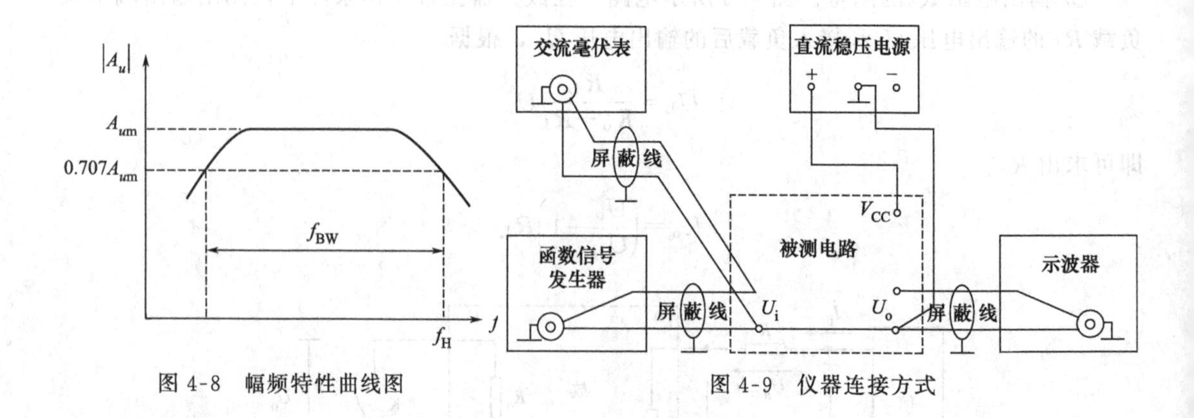

图 4-8　幅频特性曲线图　　　　图 4-9　仪器连接方式

① 测量静态工作点。接通电源前，将 R_{P1} 调至最大，放大器工作点最低，函数信号发生器输出旋钮旋至零。

接通+12V 电源、调节 R_{P1}，使 $I_C=1.5mA$（即 $U_E=2.25V$），用直流电压表测量 V_B、V_E、V_C 的值。记入表 4-1。

表 4-1　$I_C=1.5mA$

测　量　值			计　算　值		
V_B/V	V_E/V	V_C/V	U_{BE}/V	U_{CE}/V	I_C/mA≈I_E

② 测量电压放大倍数。在放大器输入端（B 点）加入频率为 1kHz 的正弦信号，调节函数信号发生器的输出旋钮，使 $U_i=50mV$。同时用示波器观察放大器输出电压 u_o（R_L 两端）的波形，在波形不失真的条件下用交流毫伏表测量下述两种情况下的 u_o 值，并用双踪示波器观察 u_o 和 u_i 的相位关系，记入表 4-2。

表 4-2　$I_C=1.5mA$　$U_i=50mV$

R_C/kΩ	R_L/kΩ	U_o/V	A_u	观察记录一组 u_o 和 u_i 波形
3	∞			
3	10			

③ 观察静态工作点对电压放大倍数的影响。置 $R_C=3kΩ$，$R_L=\infty$，u_i 适量，调节 R_{P1}，用示波器监视输出电压波形，在 u_o 不失真的条件下，测量数组 I_C 和 u_o 值，记入表 4-3。

表 4-3　$R_C=3kΩ$　$R_L=\infty$　$U_i=50mV$

I_C/mA			2.0		
U_o/mV					
A_V					

④ 观察静态工作点对输出波形失真的影响。置 $R_C=3\text{k}\Omega$，$R_L=3\text{k}\Omega$，$U_i=0$，调节 R_{P1} 使 $I_C=1.5\text{mA}$，测出 U_{CE} 的值。再逐步加大输入信号，使输出电压 u_o 足够大但不失真。然后保持输入信号不变，分别增大和减小 R_{P1}，使波形出现失真，绘出 u_o 的波形，并测出失真情况下的 I_C 和 U_{CE} 值，记入表 4-4 中。每次测 I_C 和 U_{CE} 值时都要将信号源的输出旋钮旋至零。

表 4-4　$R_C=3\text{k}\Omega$　　$R_L=3\text{k}\Omega$

I_C/mA	U_{CE}/V	u_o 波形	失真情况	管子工作状态
1.5				

⑤ 测量最大不失真输出电压。置 $R_C=1.5\text{k}\Omega$，$R_L=10\text{k}\Omega$，按照实验原理中所述方法，同时调节输入信号的幅度和电位器 R_{P1}，用示波器和交流毫伏表测量 U_{OPP} 及 U_o 值，记入表 4-5。

表 4-5　$R_C=1.5\text{k}\Omega$　　$R_L=10\text{k}\Omega$

I_C/mA	U_i/mV	U_{cm}/V	U_{OPP}/V

⑥ 测量输入电阻和输出电阻。置 $R_C=1.5\text{k}\Omega$，$R_L=10\text{k}\Omega$，$I_C=1.5\text{mA}$。输入 $f=1\text{kHz}$ 的正弦信号（在 A 点输入），在输出电压 u_o 不失真的情况下，用交流毫伏表测出 U_S、U_i 和 U_L，记入表 4-6。

保持 U_S 不变，断开 R_L，测量输出电压 U_o，记入表 4-6。

表 4-6　$I_C=1.5\text{mA}$　　$R_C=1.5\text{k}\Omega$　　$R_L=10\text{k}\Omega$

U_o/mA	U_i/mV	R_i/kΩ		U_L/V	U_o/V	R_o/kΩ	
		测量值	计算值			测量值	计算值

⑦ 测量幅频特性曲线。取 $I_C=1.5\text{mA}$，$R_C=1.5\text{k}\Omega$，$R_L=10\text{k}\Omega$。保持输入信号 u_i（B 点输入）的幅度不变，改变信号源频率 f，逐点测出相应的输出电压 u_o，记入表 4-7。

表 4-7　$U_i=50\text{mV}$

项　目	f_L	f_o	f_H
f/kHz			
U_o/V			
$A_u=U_o/U_i$			

为了使频率 f 取值合适，可先粗测一下，找出中频范围，然后再仔细读数。

说明：本实验内容较多，其中⑤、⑥、⑦可作为选做内容。

(5) 预习思考题

① 阅读教材中有关单管放大电路的内容并估算实验电路的性能指标。

假设：3DG6 的 $\beta=100$，$R_{b1}=20\mathrm{k}\Omega$，$R_{b2}=15\mathrm{k}\Omega$，$R_C=1.5\mathrm{k}\Omega$，$R_L=10\mathrm{k}\Omega$。

估算放大器的静态工作点，电压放大倍数 A_u，输入电阻 R_i和输出电阻 R_o。

② 能否用直流电压表直接测量晶体管的U_{BE}？为什么实验中要采用先测U_B、U_E再间接算出U_{BE}的方法？

③ 当调节偏置电阻 R_{b1}，使放大器输出波形出现饱和或截止失真时，晶体管的管压降U_{CE}怎样变化？

④ 改变静态工作点对放大器的输入电阻 R_i有否影响？改变外接电阻 R_L对输出电阻 R_o有否影响？

(6) 实验报告要求

① 列表整理测量结果，并把实测的静态工作点、电压放大倍数、输入电阻、输出电阻之值与理论计算值比较（取一组数据进行比较），分析产生误差原因。

② 总结 R_C、R_L及静态工作点对放大器放大倍数、输入电阻、输出电阻的影响。

③ 讨论静态工作点变化对放大器输出波形的影响。

④ 分析讨论在调试过程中出现的问题。

4.2　实验十六：两级负反馈放大电路

(1) 实验目的

① 加深理解多级放大器的工作原理和测试方法。

② 加深理解放大电路中引入负反馈的方法和负反馈对放大器各项性能指标的影响。

(2) 实验仪器

① +12V 直流电源；　　② 函数信号发生器；

③ 双踪示波器；　　④ 频率计；

⑤ 交流毫伏表；　　⑥ 直流电压表；

⑦ 晶体三极管 3DG6×2（$\beta=50\sim100$）；

⑧ 电阻器、电容器若干。

(3) 实验原理

实验原理概述　多级放大器由几级单级放大器组成，具有较高的放大倍数。放大器的级数根据放大倍数的需要选择。在放大电路中加入负反馈，能够稳定放大器的静态工作点和放大倍数，改变输入、输出电阻，减小非线性失真和展宽通频带，因此，负反馈在电子电路中有着非常广泛的应用，几乎所有的实用放大器都采用负反馈电路。以下简介反馈电路的分析方法。

1) 反馈信号　根据反馈信号的不同，分为直流反馈和交流反馈。

① 作用：直流反馈影响放大器的静态工作点，用于稳定放大器的静态工作点；交流反馈用于改变放大器的交流性能。

② 判断方法：只在直流通路中存在的反馈是直流反馈，只在交流通路中存在的反馈是交流反馈。有些电路的反馈连接方式同时引入交流反馈和直流反馈。

2）反馈极性　引入反馈后，如果使电路的放大倍数增加，则是正反馈；否则是负反馈。

① 作用：负反馈使放大器的放大倍数减小，电路的稳定性提高，失真和噪声减小；正反馈的作用与之相反。

② 判断方法：使用瞬时极性法。反馈信号引入后，输出信号的相位参看图 4-10。

3）反馈信号引入方式　串联、并联。

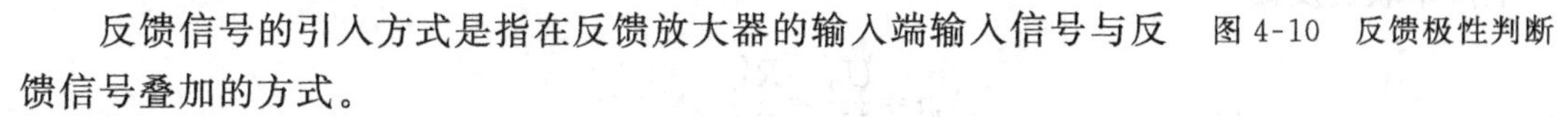

图 4-10　反馈极性判断

反馈信号的引入方式是指在反馈放大器的输入端输入信号与反馈信号叠加的方式。

作用：影响输入电阻。并联负反馈使输入电阻减小，串联负反馈使输入电阻增加。

判断方法：当输入信号与反馈信号的非地端有一点直接相连时，为并联反馈；否则为串联反馈。

4）反馈信号取样方式　电压、电流。

反馈信号的取样方式是指反馈信号取自反馈放大器的输出电压还是输出电流。

作用：影响反馈放大器输出电阻。电压负反馈使输出电阻减小，电流负反馈使输出电阻增大。

判断方法：如果反馈信号取自放大器的电压输出（U_o）端，是电压反馈；否则是电流反馈。

5）负反馈电路基本公式

① 闭环放大倍数

$$A_f=\frac{U_o}{U_i}=\frac{A}{1+AF}$$

② 输入电阻

串联负反馈

$$R_{if}=\frac{U_i}{I_i}=R_i(1+AF)$$

并联负反馈

$$R_{if}=\frac{U_i}{I_i}=\frac{R_i}{1+AF}$$

③ 输出电阻

电压负反馈

$$R_{of}=\frac{R_o}{1+AF}$$

电流负反馈

$$R_{of}=R_o(1+AF)$$

④ 深度负反馈电路的放大倍数计算。

电压串联负反馈

$$A_{uf}=\frac{U_o}{U_i}=1+\frac{R_f}{R_1}$$

电压并联负反馈

$$A_{uf}=\frac{U_o}{U_i}=-\frac{R_f}{R_1}$$

电流串联负反馈

$$A_{uf}=\frac{U_o}{U_i}=\frac{R_L'}{R_1}$$

电流并联负反馈

$$A_{usf}=\frac{U_o}{U_i}=-\left(1+\frac{R_f}{R_2}\right)\cdot\frac{R_L}{R_1}$$

(4) 实验内容

图 4-11 为带有负反馈的两级阻容耦合放大电路（实物图如图 4-12 所示），在电路中通过 R_f 把输出电压 u_o 引回到输入端，加在晶体管 T_1 的发射极上，在发射极电阻 R_{F1} 上形成反馈电压 u_f。根据反馈的判断法可知，它属于电压串联负反馈。

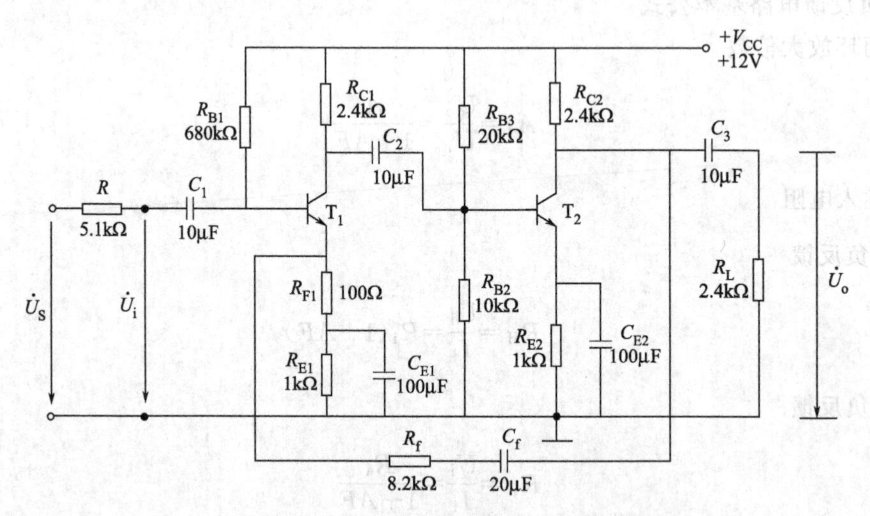

图 4-11 带有电压串联负反馈的两级阻容耦合放大电路

1) 主要性能指标

① 闭环电压放大倍数

$$A_{uf}=\frac{A_u}{1+A_uF_u}$$

式中，$A_u=U_o/U_i$，为基本放大器（无反馈）的电压放大倍数，即开环电压放大倍数；$1+A_uF_u$为反馈深度，它的大小决定了负反馈对放大器性能改善的程度。

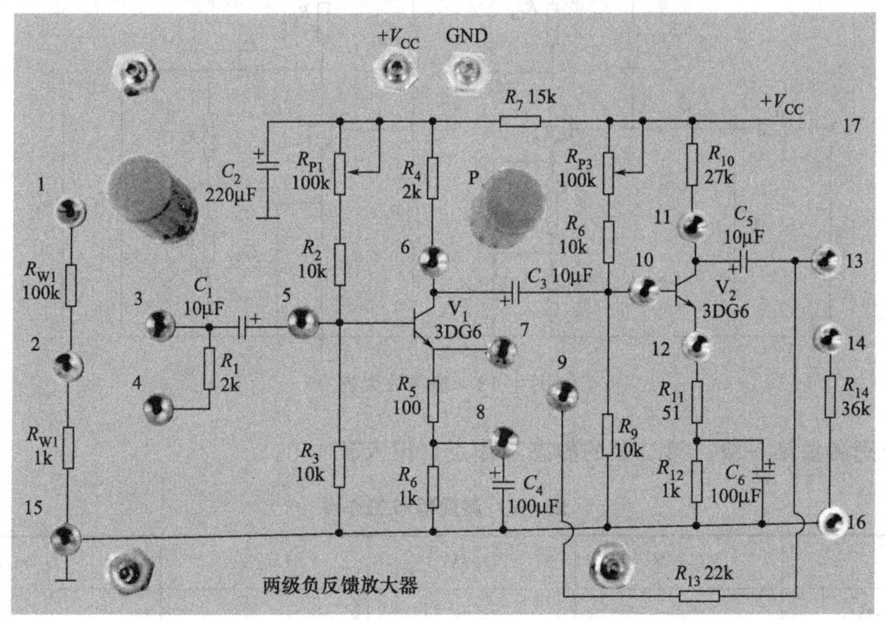

图 4-12　带有电压串联负反馈的两级阻容耦合放大器实物图

② 反馈系数

$$F_u=\frac{R_{F1}}{R_f+R_{F1}}$$

③ 输入电阻

$$R_{if}=(1+A_uF_u)R_i$$

式中，R_i为基本放大器的输入电阻。

④ 输出电阻

$$R_{of}=\frac{R_o}{1+A_{uo}F_u}$$

式中，R_o为基本放大器的输出电阻；A_{uo}为基本放大器$R_L=\infty$时的电压放大倍数。

2）本实验还需要测量基本放大器的动态参数，要去掉反馈作用，但又要把反馈网络的影响（负载效应）考虑到基本放大器中去。为此：

① 在画基本放大器的输入回路时，因为是电压负反馈，所以可将负反馈放大器的输出端交流短路，即令$u_o=0$，此时R_f相当于并联在R_{F1}上。

② 在画基本放大器的输出回路时，由于输入端是串联负反馈，因此需将反馈放大器的输入端（T_1管的射极）开路，此时（R_f+R_{F1}）相当于并接在输出端。可近似认为R_f并接在输出端。

根据上述规律，就可得到所要求的如图 4-13 所示的基本放大器。

3）测量静态工作点　按图 4-11 所示连接实验电路，取$V_{CC}=+12V$，$U_i=0$，用直流

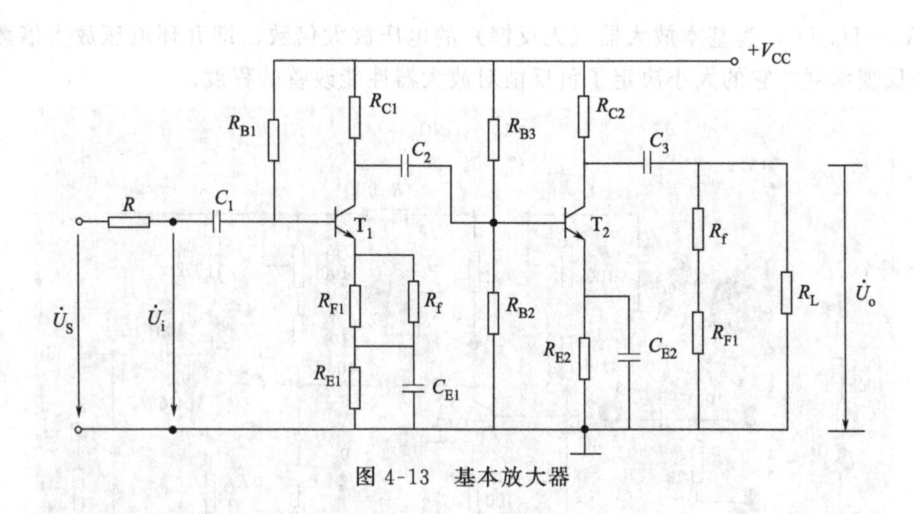

图 4-13 基本放大器

电压表分别测量第一级、第二级的静态工作点，记入表 4-8。

表 4-8 测量静态工作点

	U_B/V	U_E/V	U_C/V	I_C/mA
第一级				
第二级				

4）测试基本放大器的各项性能指标　将实验电路按图 4-13 所示改接，即把 R_f断开后分别并联在 R_{F1}和 R_L上，其他连线不动。

① 测量中频电压放大倍数 A_u，输入电阻 R_i和输出电阻 R_o。

a. 以 $f=1$kHz，U_S约 5mV 正弦信号输入放大器，用示波器监视输出波形 u_o，在 u_o不失真的情况下，用交流毫伏表测量 U_S、U_i、U_L，记入表 4-9。

表 4-9 基本放大器的各项性能指标

基本放大器	U_S/mV	U_i/mV	U_L/V	U_o/V	A_u	R_i/kΩ	R_o/kΩ
负反馈放大器	U_S/mV	U_i/mV	U_L/V	U_o/V	A_{uf}	R_{if}/kΩ	R_{of}/kΩ

b. 保持 U_S不变，断开负载电阻 R_L（注意，R_f不要断开），测量空载时的输出电压 U_o，记入表 4-9。

② 测量通频带。接上 R_L，保持①中的 U_S不变，然后增加和减小输入信号的频率，找出上、下限频率 f_H和 f_L，记入表 4-10。

5）测试负反馈放大器的各项性能指标　将实验电路恢复为图 4-11 所示的负反馈放大电路。适当加大 U_S（约 10mV），在输出波形不失真的条件下，测量负反馈放大器的 A_{uf}、R_{if}和 R_{of}，记入表 4-9；测量 f_{Hf}和 f_{Lf}，记入表 4-10。

表 4-10 通频带测量

基本放大器	f_L/kHz	f_H/kHz	Δf/kHz
负反馈放大器	f_{Lf}/kHz	f_{Hf}/kHz	Δf_f/kHz

*6）观察负反馈对非线性失真的改善

① 实验电路改接成基本放大器形式，在输入端加入 $f=1\text{kHz}$ 的正弦信号，输出端接示波器，逐渐增大输入信号的幅度，使输出波形开始出现失真，记下此时的波形和输出电压的幅度。

② 再将实验电路改接成负反馈放大器形式，增大输入信号幅度，使输出电压幅度的大小与①相同，比较有负反馈时，输出波形的变化。

（5）预习思考题

① 复习教材中有关负反馈放大器的内容。

② 按实验电路图 4-11 估算放大器的静态工作点（$\beta\approx100$，$r_{bb'}\approx300\Omega$，$U_{BE}\approx0.7\text{V}$）。R_{W1} 取 820kΩ。

③ 三极管参数同上，计算两级放大电路开环参数 A_{uu}，R_i，R_o；按深度负反馈估算负反馈放大电路的闭环电压放大倍数 A_{uf}，R_{W2} 取 20kΩ。

④ 如果输入信号存在失真，能否用负反馈改善？

⑤ 怎样判断放大器是否存在自激振荡？如何消除自激振荡？

（6）实验报告

① 根据实验测试结果（U_o、U_{o1}），验证多级放大器放大倍数公式

$$A_u = A_{u1}A_{u2}$$

② 将基本放大器和负反馈放大器交流参数的实测值和理论估算值列表进行比较。

提示：比较 A_u，A_{uf} 即可。

③ 根据实验结果，总结交流电压串联负反馈对放大器性能的影响。

提示：比较开环和闭环状态输入电阻、输出电阻、电压放大倍数、电压放大倍数的稳定性与反馈深度 $|1+AF|$ 的关系。

4.3 实验十七：串联型晶体管稳压电源

（1）实验目的

① 研究单相桥式整流、电容滤波电路的特性。

② 掌握串联型晶体管稳压电源主要技术指标的测试方法。

（2）实验仪器

① 可调工频电源； ② 双踪示波器；

③ 交流毫伏表； ④ 直流电压表；

⑤ 直流毫安表； ⑥ 滑线变阻器 200Ω/1A；

⑦ 晶体三极管 3DG6×2（9011×2），3DG12×1（9013×1）；晶体二极管 IN4007×4；

稳压管 IN4735×1；电阻器、电容器若干。

（3）实验原理

电子设备一般都需要直流电源供电。这些直流电除了少数直接利用干电池和直流发电机外，大多数是采用把交流电（市电）转变为直流电的直流稳压电源。

直流稳压电源由电源变压器、整流、滤波和稳压电路四部分组成，其原理如图 4-14 所示。电网供给的交流电压 u_1（220V，50Hz）经电源变压器降压后，得到符合电路需要的交流电压 u_2，然后由整流电路变换成方向不变、大小随时间变化的脉动电压 u_3，再用滤波器滤去其交流分量，就可得到比较平直的直流电压 u_I。但这样的直流输出电压，还会随交流电网电压的波动或负载的变动而变化。在对直流供电要求较高的场合，还需要使用稳压电路，以保证输出直流电压更加稳定。

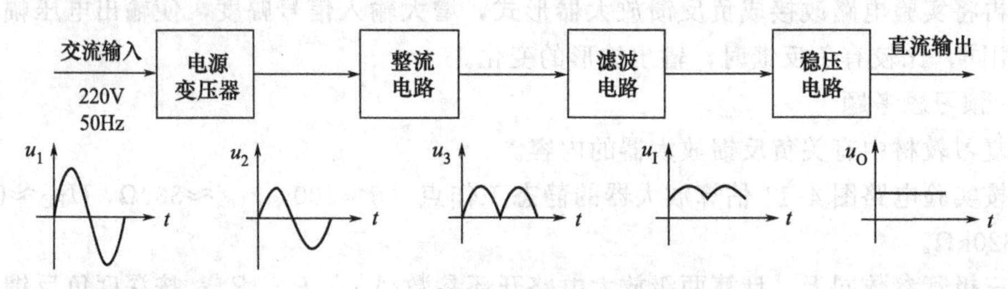

图 4-14　直流稳压电源框图

图 4-15 是由分立元件组成的串联型稳压电源的电路图。其整流部分为单相桥式整流、电容滤波电路。稳压部分为串联型稳压电路，它由调整元件（晶体管 T_1）；比较放大器 T_2、R_7；取样电路 R_1、R_2、R_W，基准电压 D_W、R_3 和过流保护电路 T_3 管及电阻 R_4、R_5、R_6 等组成。整个稳压电路是一个具有电压串联负反馈的闭环系统，其稳压过程为：当电网电压波动或负载变动引起输出直流电压发生变化时，取样电路取出输出电压的一部分送入比较放大器，并与基准电压进行比较，产生的误差信号经 T_2 放大后送至调整管 T_1 的基极，使调整管改变其管压降，以补偿输出电压的变化，从而达到稳定输出电压的目的。

由于在稳压电路中，调整管与负载串联，因此流过它的电流与负载电流一样大。当输出电流过大或发生短路时，调整管会因电流过大或电压过高而损坏，所以需要对调整管加以保护。在图 4-15 所示电路中，晶体管 T_3、R_4、R_5、R_6 组成减流型保护电路。此电路设计在 $I_{oP}=1.2I_o$ 时开始起保护作用，此时输出电流减小，输出电压降低。故障排除后电路应能自动恢复正常工作。在调试时，若保护提前作用，应减少 R_6 值；若保护作用滞后，则应增大 R_6 之值。

稳压电源的主要性能指标如下。

① 输出电压 U_O 和输出电压调节范围

$$U_O=\frac{R_1+R_W+R_2}{R_2+R''_W}(U_Z+U_{BE2})$$

调节 R_W 可以改变输出电压 U_O。

② 最大负载电流 I_{om}。

③ 输出电阻 R_o。输出电阻 R_o 定义为：当输入电压 U_I（指稳压电路输入电压）保持不变，由于负载变化而引起的输出电压变化量与输出电流变化量之比，即

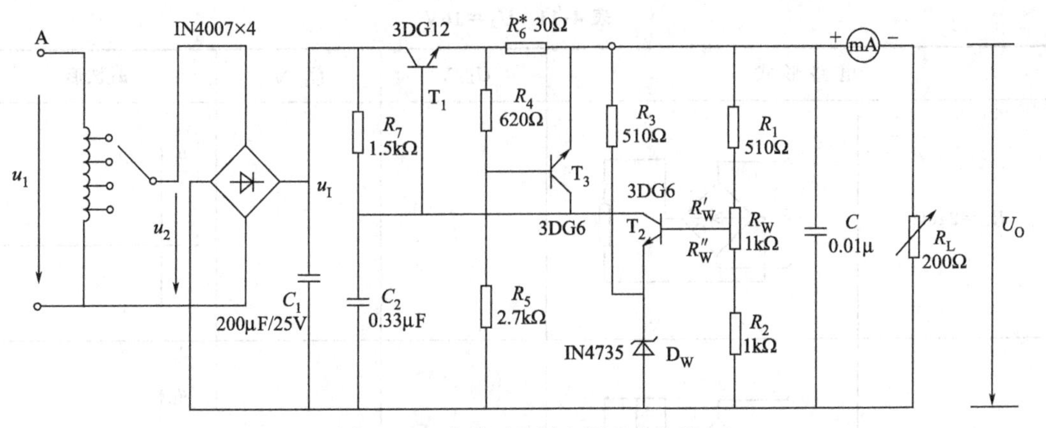

图 4-15　串联型稳压电源实验电路

$$R_o=\frac{\Delta U_O}{\Delta I_O}\bigg|_{U_I=\text{常数}}$$

④ 稳压系数 S（电压调整率）。稳压系数定义为：当负载保持不变，输出电压相对变化量与输入电流相对变化量之比，即

$$S=\frac{\Delta U_O/U_O}{\Delta U_L/U_L}\bigg|_{R_L=\text{常数}}$$

由于工程上常把电网电压波动±10%作为极限条件，因此也有将此时输出电压的相对变化 $\Delta U_O/U_O$ 作为衡量指标，称为电压调整率。

⑤ 纹波电压。输出纹波电压是指在额定负载条件下，输出电压中所含交流分量的有效值（或峰值）。

（4）实验内容

1）整流滤波电路测试　按图 4-16 连接实验电路。取可调工频电源电压为 16V，作为整流电路输入电压 u_2。

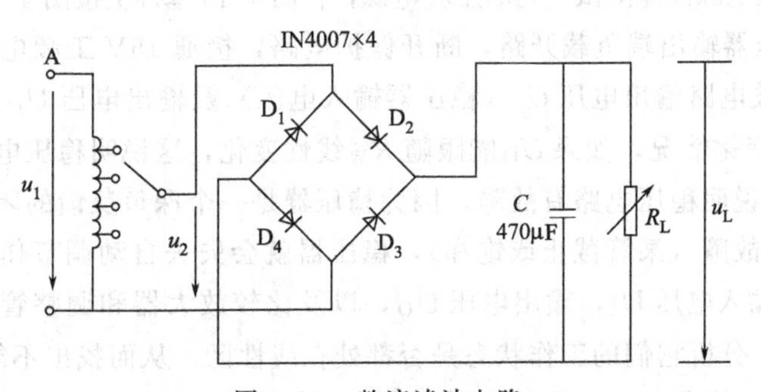

图 4-16　整流滤波电路

① 取 $R_L=240\Omega$，不加滤波电容，测量直流输出电压 U_L 及纹波电压 $\widetilde{U}_L$，并用示波器观察 u_2 和 u_L 波形，记入表 4-11。

② 取 $R_L=240\Omega$，$C=470\mu F$，重复内容①的要求，记入表 4-11。

③ 取 $R_L=120\Omega$，$C=470\mu F$，重复内容①的要求，记入表 4-11。

表 4-11　$U_2=16V$

电路形式		U_L/V	$\widetilde{U}_L$/V	u_L波形
$R_L=240\Omega$				
$R_L=240\Omega$ $C=470\mu F$				
$R_L=120\Omega$ $C=470\mu F$				

实验时注意如下两点。

① 每次改接电路时，必须切断工频电源。

② 在观察输出电压u_L波形的过程中，"Y 轴灵敏度"旋钮位置调好以后，不要再变动，否则将无法比较各波形的脉动情况。

2）串联型稳压电源性能测试　切断工频电源，在图 4-16 基础上按图 4-15 连接实验电路。

① 初测。稳压器输出端负载开路，断开保护电路，接通 16V 工频电源，测量整流电路输入电压U_2，滤波电路输出电压U_I（稳压器输入电压）及输出电压U_O。调节电位器R_W，观察U_O的大小和变化情况，如果U_O能跟随R_W线性变化，这说明稳压电路各反馈环路工作基本正常。否则，说明稳压电路有故障，因为稳压器是一个深负反馈的闭环系统，只要环路中任一个环节出现故障（某管截止或饱和），稳压器就会失去自动调节作用。此时可分别检查基准电压U_Z，输入电压U_I，输出电压U_O，以及比较放大器和调整管各电极的电位（主要是U_{BE}和U_{CE}），分析它们的工作状态是否都处在线性区，从而找出不能正常工作的原因。排除故障以后就可以进行下一步测试。

② 测量输出电压可调范围。接入负载R_L（滑线变阻器），并调节R_L，使输出电流$I_O\approx100mA$。再调节电位器R_W，测量输出电压可调范围$U_{Omin}\sim U_{Omax}$。且使R_W动点在中间位置附近时$U_O=12V$。若不满足要求，可适当调整R_1、R_2之值。

③ 测量各级静态工作点。调节输出电压$U_O=12V$，输出电流$I_O=100mA$，测量各级静态工作点，记入表 4-12。

表 4-12　$U_2=16V$，$U_O=12V$，$I_O=100mA$

项目	T_1	T_2	T_3
U_B/V			
U_C/V			
U_E/V			

④ 测量稳压系数 S。取 $I_O=100mA$，按表 4-13 改变整流电路输入电压 U_2（模拟电网电压波动），分别测出相应的稳压器输入电压 U_I 及输出直流电压 U_O，记入表 4-13。

⑤ 测量输出电阻 R_o。取 $U_2=16V$，改变滑线变阻器位置，使 I_O 为空载、50mA 和 100mA，测量相应的 U_O 值，记入表 4-14。

表 4-13　$I_O=100mA$

测试值			计算值
U_2/V	U_I/V	U_O/V	S
14			$S_{12}=$
16		12	
18			$S_{23}=$

表 4-14　$U_2=16V$

测试值		计算值
I_O/mA	U_O/V	R_o/Ω
空载		$R_{o12}=$
50	12	
100		$R_{o23}=$

⑥ 测量输出纹波电压。取 $U_2=16V$，$U_O=12V$，$I_O=100mA$，测量输出纹波电压 U_O，记录之。

⑦ 调整过流保护电路。

a. 断开工频电源，接上保护回路，再接通工频电源，调节 R_W 及 R_L 使 $U_O=12V$，$I_O=100mA$，此时保护电路应不起作用。测出 T_3 管各极电位值。

b. 逐渐减小 R_L，使 I_O 增加到 120mA，观察 U_O 是否下降，并测出保护起作用时 T_3 管各极的电位值。若保护作用过早或滞后，可改变 R_6 之值进行调整。

c. 用导线瞬时短接一下输出端，测量 U_O 值，然后去掉导线，检查电路是否能自动恢复正常工作。

(5) 预习思考题

① 复习教材中有关分立元件稳压电源部分内容，并根据实验电路参数估算 U_O 的可调范围及 $U_O=12V$ 时 T_1，T_2 管的静态工作点（假设调整管的饱和压降 $U_{CE1S}\approx 1V$）。

② 说明图 4-15 中 U_2、U_I、U_O 及 $\widetilde{U}_O$ 的物理意义，并从实验仪器中选择合适的测量仪表。

③ 在桥式整流电路实验中，能否用双踪示波器同时观察 u_2 和 u_L 波形，为什么？

④ 在桥式整流电路中，如果某个二极管发生开路、短路或反接三种情况，将会出现什么问题？

⑤ 为了使稳压电源的输出电压 $U_O=12V$，则其输入电压的最小值 U_{Imin} 应等于多少？交流输入电压 U_{2min} 又怎样确定？

⑥ 当稳压电源输出不正常，或输出电压 U_O 不随取样电位器 R_W 而变化时，应如何进行检查找出故障所在？

⑦ 分析保护电路的工作原理。

⑧ 怎样提高稳压电源的性能指标（减小 S 和 R_o）?

（6）实验总结及报告要求

① 对表 4-11 所测结果进行全面分析，总结桥式整流、电容滤波电路的特点。

② 根据表 4-13 和表 4-14 所测数据，计算稳压电路的稳压系数 S 和输出电阻 R_o，并进行分析。

③ 分析讨论实验中出现的故障及其排除方法。

4.4 实验十八：集成运算放大器的线性应用

（1）实验目的

① 熟悉集成运算放大器 CF741 的性能和使用方法。

② 掌握用集成运算放大器组成的几种基本运算电路的原理和特点。

注：双列直插式集成运算放大器 CF741 简介如下。

CF741 的性能和国外的 μA741、LM741 相当，可互换使用。其管脚排列如图 4-17 所示。

CF741 的共模输入电压范围宽，即使信号幅度超过共模输入电压范围，也不会引起阻塞或自激振荡。同时内部有频率补偿措施，因此不需要外接补偿电容。另外，CF741 的输出有过载保护，长时间输出短路亦不会损坏器件。使用中若要调零，可在两调零端间接一电位器，并把动端接电源 V－，进行调节。

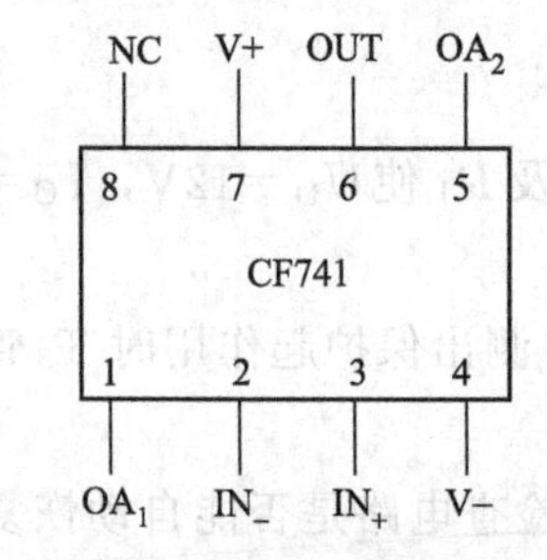

图 4-17　CF741 管脚排列

（2）实验仪器

① ±12V 直流电源；

② 万用表；

③ 函数信号发生器；

④ 集成运算放大器；

⑤ 电阻器、电容器若干。

（3）实验原理

集成运算放大器是一种多级直接耦合放大电路，其特点是具有高电压放大倍数、高输入电阻和低输出电阻。一般情况下运算放大器被视为理想运放，将运放的各项指标理想化，即 $A_{ud}=\infty$，$r_i=\infty$，$r_o=0$，$f_{BW}=\infty$，失调与漂移均为零。理想运放在线性应用时的两个重要特性如下。

①“虚短”，即 $U_+\approx U_-$；②“虚断”，即 $I_i=0$。

基本运算电路如下。

1）反相比例运算　电路如图 4-18 所示，输出电压与输入电压的关系为

$$U_o=-\frac{R_F}{R_1}U_i \qquad R_2=R_1 /\!/ R_F$$

为了减小偏置电流引起的运算误差，在同相输入端接入平衡电阻 R_2。

2）反相加法运算电路　电路如图 4-19 所示，输出电压与输入电压的关系为

$$U_o=-\left(\frac{R_F}{R_1}U_{i1}+\frac{R_F}{R_2}U_{i2}\right) \qquad R_3=R_1 /\!/ R_2 /\!/ R_F$$

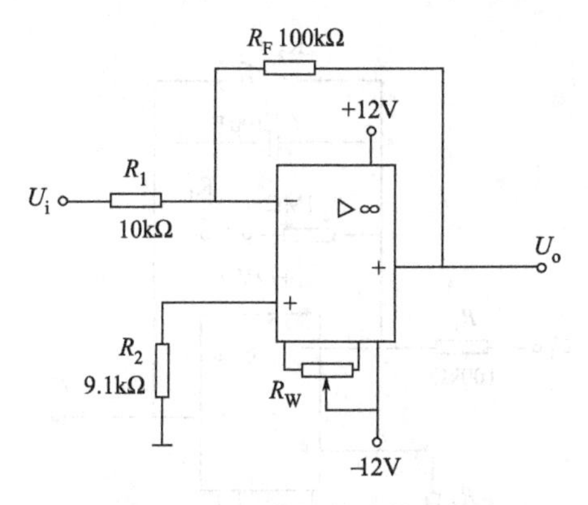

图 4-18　反相比例运算电路

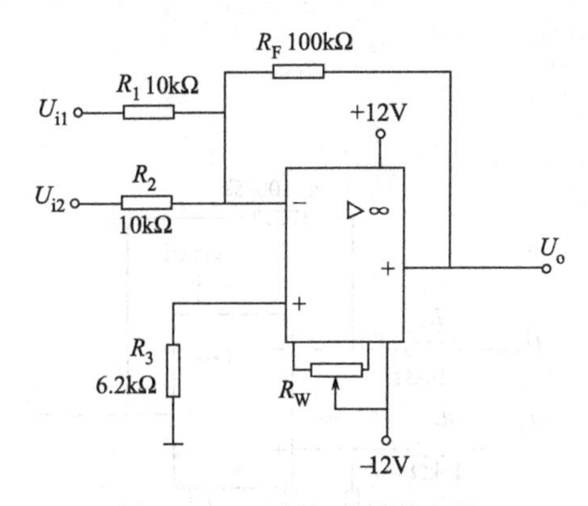

图 4-19　反相加法运算电路

3）同相比例运算电路　电路如图 4-20（a）所示，输出电压与输入电压的关系为

$$U_o=\left(1+\frac{R_F}{R_1}\right)U_i,\qquad R_2=R_1/\!/R_F$$

若 R_1 趋于无穷大，则反相输入端与地断开，根据“虚短”，有 $U_+\approx U_-$，此时 $U_o=U_i$，即为图 4-20（b）所示的电压跟随器。其中 $R_2=R_F=10\text{k}\Omega$，起保护和减小漂移的作用。R_F 一般取 10kΩ，太大影响跟随性，太小则不起保护作用。

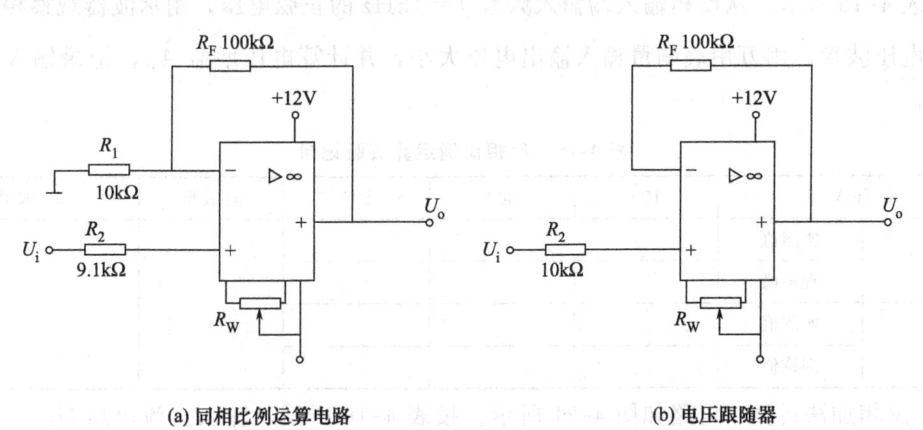

(a) 同相比例运算电路　　(b) 电压跟随器

图 4-20　同相比例运算电路和电压跟随器

4）减法运算电路　电路如图 4-21 所示，当电路中电阻满足 $R_1=R_2$，$R_3=R_F$ 时，输出电压与输入电压之间的关系为

$$U_o=\frac{R_F}{R_1}(U_{i2}-U_{i1})$$

5）积分运算电路　反相积分电路如图 4-22 所示，在理想情况下，输出电压与输入电压之间的关系为

$$u_o(t)=-\frac{1}{R_1C}\int_0^t u_i(t)\mathrm{d}t+u_C(0)$$

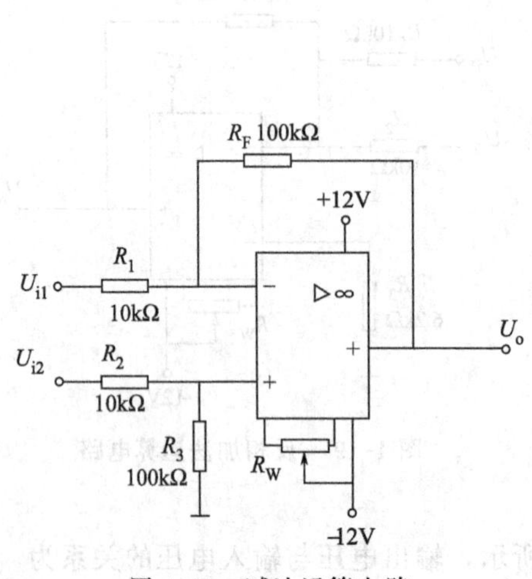

图 4-21 减法运算电路

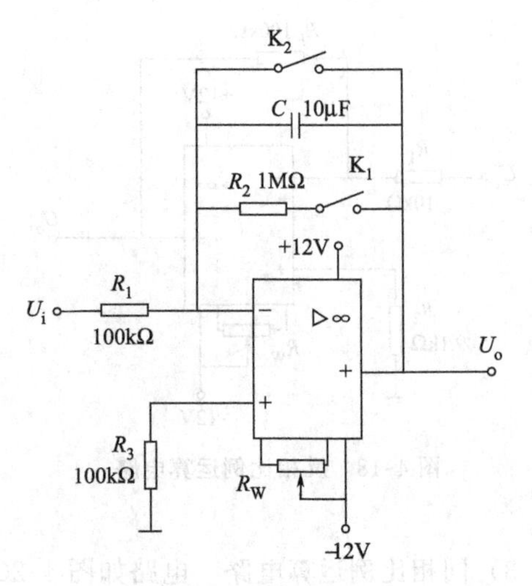

图 4-22 积分运算电路

(4) 实验内容

电源电压为±12V。

1) 反相比例运算 电路如图 4-18 所示。

按表 4-15 所示，从反相输入端输入频率 $f=1\text{kHz}$ 的正弦电压，用示波器观察相应的输入输出电压波形，用万用表测量输入输出电压大小，并计算电压增益 $\dot{A}_u$，记录输入输出电压波形。

表 4-15 反相比例运算实验记录

U_i/mV		100	300	500	u_i 波形	u_o 波形
U_o/mV	实测值					
	理论值					
$\dot{A}_u$	实测值					
	理论值					

2) 反相加法运算 电路如图 4-21 所示。按表 4-16 所示，输入直流电压 U_{i1}，U_{i2}，用万用表测量并记录输入输出电压。

表 4-16 反相加法运算实验记录

输入电压 U_i/V		输出电压 U_o/V	
U_{i1}	U_{i2}	实测值	理论值
−2	+1		
+1	−0.5		

3) 电压跟随器 电路如图 4-22 (b) 所示。所谓电压跟随器就是输出电压与输入电压的大小接近相等、相位相同的电路。它具有极高的输入阻抗和极低的输出阻抗，在电路中常作输入级、缓冲级和输出级。按表 4-17 所示，从同相输入端输入直流电压 U_i，测记相应的输出电压 U_o，并计算电压增益 $\dot{A}_u$。

表 4-17　电压跟随器实验记录

U_i/V	1	2	3	4	5
U_o/V					
$\dot{A}_U$					

4）减法运算　电路如图 4-21 所示。

按表 4-18 所示，输入直流电压 U_{i1}，U_{i2}，测量并记录相应的输出电压。

表 4-18　减法运算实验记录

输入电压 U_i/V		输出电压 U_o/V	
U_{i1}	U_{i2}	实测值	理论值
0.5	1		
−0.3	0.5		

5）积分运算　电路如图 4-22 所示。

按表 4-19 所示，从反相输入端输入方波信号，用示波器观察、记录输入电压 U_i 和输出电压 U_o 的波形。

表 4-19　积分运算实验记录

U_i（方波）		U_i（波形）	U_o（波形）
双峰值/V	频率/kHz		
2	1		
5	10		

（5）预习思考题

① 复习由集成运算放大器组成的各种运算电路的基本原理和特点。

② 按电路参数计算出各项实验中的理论值。

（6）实验报告要求

① 整理各项实验数据。

② 按电路参数计算出各项实验中的理论值，并与实验结果进行比较，分析产生误差的原因。

③ 写出最后一个电路的传递函数，并说明在什么条件下它们近似为理想的积分器。

4.5　实验十九：集成运算放大器的非线性应用

（1）实验目的

① 了解集成运放非线性运用的原理和特点。

② 用双列直插式集成运放 CF741 组成电压比较器和方波-三角波发生器。

（2）实验仪器

① 直流电源；　② 双踪示波器；

③ 数字万用表；　④ 运算放大器；

⑤ 稳压管； ⑥ 二极管；

⑦ 电阻器； ⑧ 信号发生器箱。

（3）实验内容

1）电压比较器　电路如图 4-23 所示。电源电压±15V 和触发电平 V_I 由模拟实验箱上的直流电源供给。

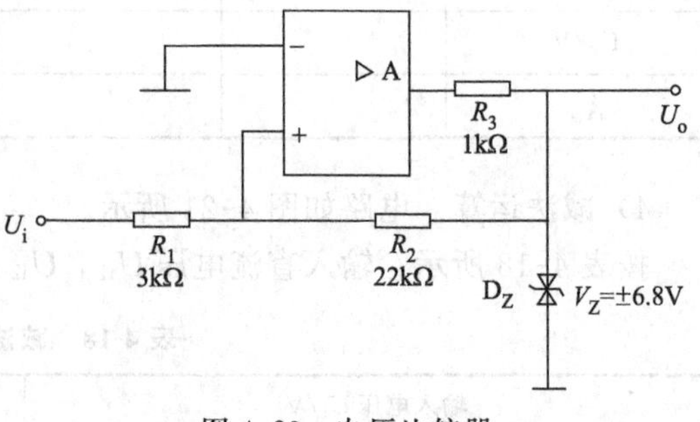

图 4-23　电压比较器

① 测量上触发电平 U_1 和下触发电平 U_2。将触发电平 U_i 由负值向正值逐渐增加，同时用示波器或万用表观察输出电压 U_o，记录 U_o由负值跳变到正值时刻的输入电压值，该电压值即为上触发电平 U_1；反之，将触发电平 U_i 由正值向负值逐渐变化，U_o由正值跳变到负值时刻的输入电压值，即为下触发电平 U_2。将数据记入表 4-20 中。

表 4-20　电压比较器实验记录

U_1/V		U_2/V	
实测值	理论值	实测值	理论值

② 观察用电压比较器实现波形变换。在输入端加入 $f=1$kHz、幅度适当的正弦电压（若幅度过小会有什么结果?），观察并对应纪录输入电压 U_i和输出电压 U_o的波形。

2）方波-三角波发生器　电路如图 4-24 所示。

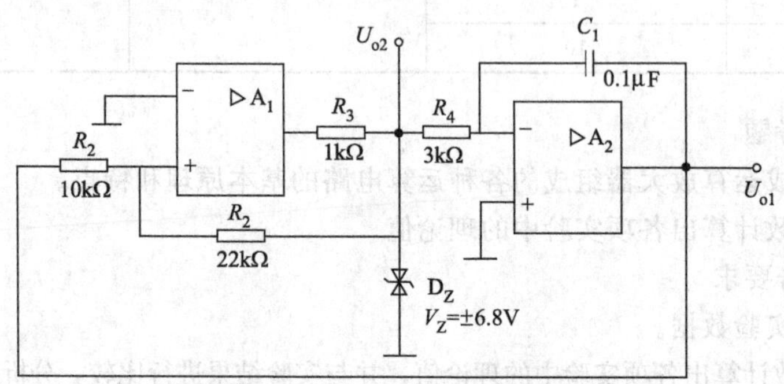

图 4-24　方波-三角波发生器

① 观察并对应纪录 U_{o1}、U_{o2} 的波形。

② 测试方波和三角波的周期和双峰值，填入表 4-21 中。

③ 改变 R_4或 C_1的值，观察波形的变化情况。

表 4-21　方波-三角波发生器实验记录

三角波 U_{o1}				方　波 U_{o2}			
双峰值/V		周　期/ms		双峰值/V		周　期/ms	
实测值	理论值	实测值	理论值	实测值	理论值	实测值	理论值

（4）预习思考题

① 复习电压比较器、方波-三角波发生器的原理和分析计算。

② 按电路参数计算出各项实验中的理论值。

（5）实验报告要求

① 根据电压比较器的实验数据画出其电压传输特性。

② 根据电压比较器的电路参数计算上、下限触发电平，并与实验结果进行比较，分析产生误差的原因。

③ 试分析电压比较器的输出电压 U_o 与输入电压 U_i 之间的相位关系。

④ 根据电路参数计算三角波的幅值和周期，并与实验结果进行比较，分析产生误差的原因。

⑤ 如果将图 4-24 中的电阻 R_4 由 3kΩ 变为 1kΩ，试分析对波形的影响。

4.6　实验二十：TTL 与非门的参数及电压传输特性测试

（1）实验目的

① 学习数字电路实验箱的使用。

② 加深对 TTL 与非门传输特性和逻辑功能的认识。

③ 掌握与非门直流参数和电压传输特性的测试方法。

（2）实验仪器

① 直流电源；　② 逻辑电平开关；

③ 逻辑电平显示器；　④ 万用表；

⑤ 直流毫安表；　⑥ 直流微安表；

⑦ 74LS20 两片；　⑧ 电位器，电阻器等。

（3）实验内容

1）高电平输入电流 I_{iH}　测试电路如图 4-25 所示，其正常指标为：$I_{iH}<20\mu A$。

2）低电平输入电流 I_{iL}　测试电路如图 4-26 所示，其正常指标为：$I_{iL}<0.4mA$。

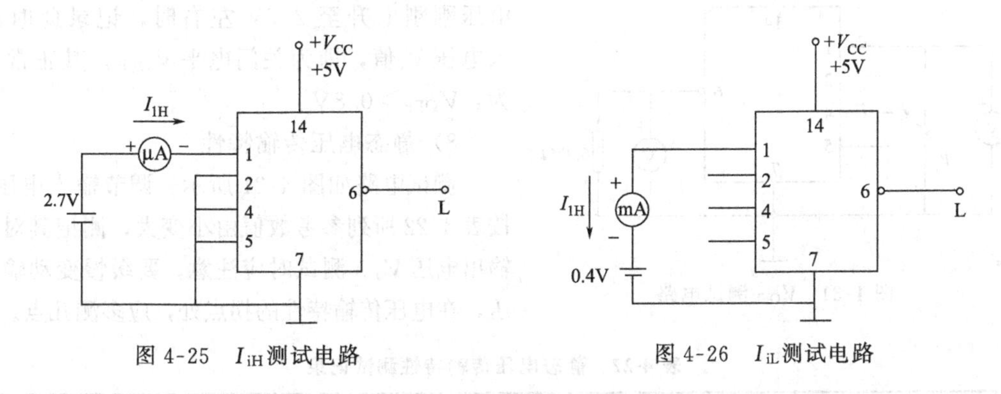

图 4-25　I_{iH} 测试电路　　图 4-26　I_{iL} 测试电路

3）空载导通电源总电流 I_{CC} 和空载导通功耗 P_{ON}　测试电路如图 4-27 所示，其正常指标为：$I_{CC}<2.2mA$，$P_{ON}=I_{CC}\times V_{CC}$。

4）输出高电平 V_{OH}　测试电路如图 4-28 所示，其正常指标为：$V_{OH}>2.7V$。

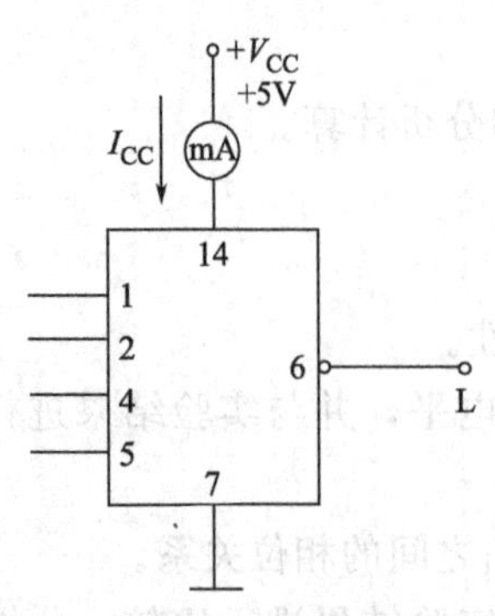

图 4-27 I_{CC}，P_{ON}测试电路

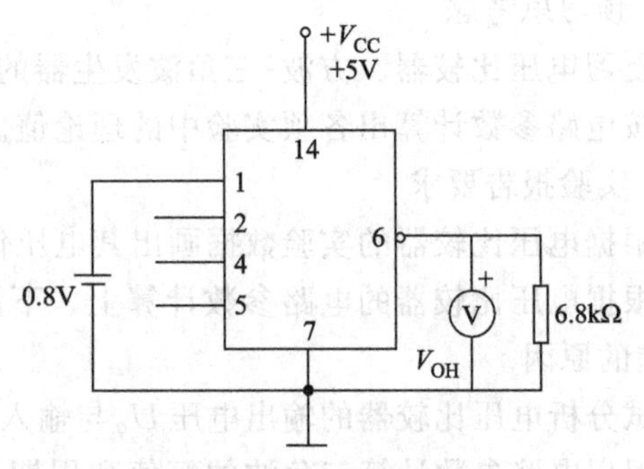

图 4-28 V_{OH}测试电路

5）输出低电平 V_{OL} 测试电路如图 4-29 所示，其正常指标为：$V_{OL}<0.4V$。

6）开门电平 V_{ON} 测试电路如图 4-30 所示。调节输入电压 V_i，使之从 0→2V，当输出电压刚刚下降至 0.4V（或输出低电平时），记录此时的输入电压 V_i 值，即为开门电平 V_{ON}。其正常指标为：$V_{ON}<2V$。

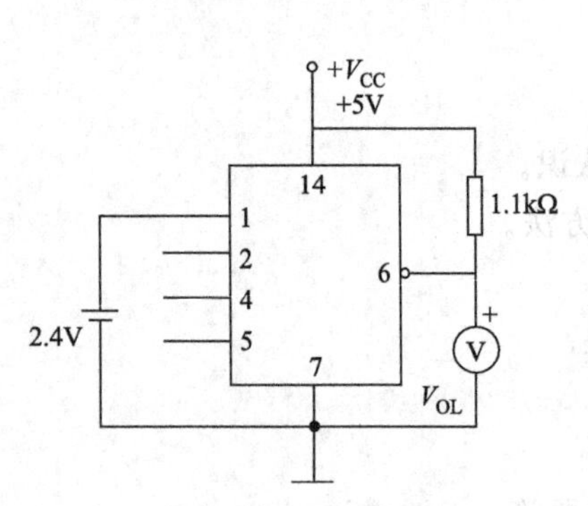

图 4-29 V_{OL}测试电路

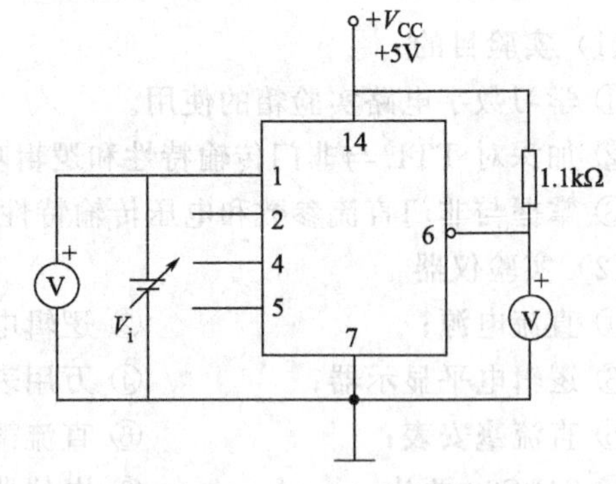

图 4-30 V_{ON}测试电路

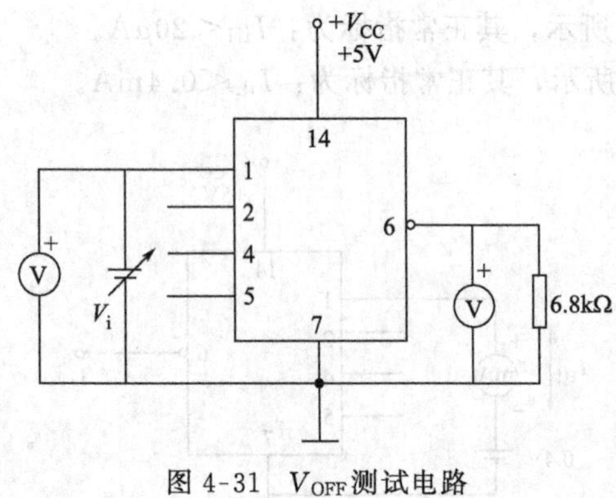

图 4-31 V_{OFF}测试电路

7）关门电平 V_{OFF} 测试电路如图 4-31 所示。调节输入电压 V_i，使之从 2V→0，当输出电压刚刚上升至 2.7V 左右时，记录此时的输入电压 V_i 值，即为关门电平 V_{OFF}。其正常指标为：$V_{OFF}>0.8V$。

8）静态电压传输特性

测试电路如图 4-31 所示。调节输入电压 V_i，按表 4-22 所列参考数值由小变大，测记其对应的输出电压 V_o。测试时应注意，要缓慢变动输入电压，在电压传输特性的拐点处，应多测几点。

表 4-22 静态电压传输特性测试记录

V_i/V	0	0.3	0.5	0.8	1.0	1.2	1.3	1.4
V_o/V								
V_i/V	1.5	1.6	1.7	1.8	2.0	2.4	2.8	3.2
V_o/V								

附：74LS20（二 4 输入与非门）管脚图见图 4-32。

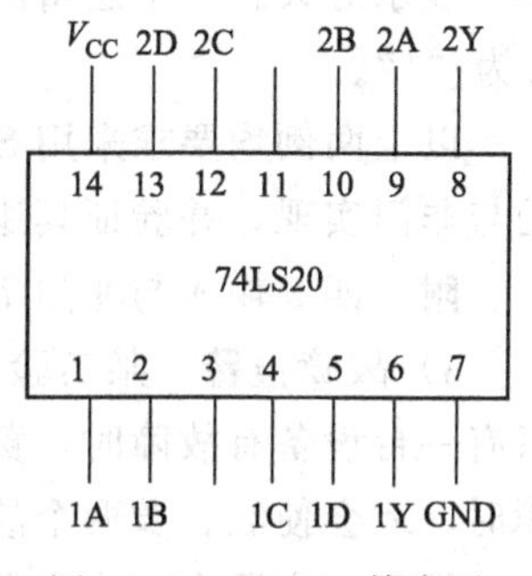

图 4-32　74LS20 管脚图

(4) 预习思考题

① 参阅附录 2“THD-1 型数字电路实验箱使用说明”。

② 复习 TTL 与非门各参数的定义、意义与测试方法。

③ 复习 TTL 与非门电压传输特性的意义与测试方法。

(5) 实验报告要求

① 列表整理测试数据，分析实验结果。

② 用坐标纸画出与非门的电压传输特性。

③ 说明与非门各参数的大小有何意义？对电路工作有什么影响？

④ 说明电压传输特性的三个阶段（输出高电平阶段、输出低电平阶段、输出从高电平到低电平的过渡阶段）各对应与非门输出管的哪三种工作状态？

4.7　实验二十一：组合逻辑电路的设计

(1) 实验目的

① 学习用与非门实现各种组合逻辑函数。

② 掌握 SSI、MSI 两种组合逻辑电路的设计与实现方法。

(2) 实验仪器

① 数字万用表；

② 数字电路实验箱；

③ 集成芯片四 2 输入与非门 74LS00 和双四选一数据选择器 74LS153 各一片。

(3) 实验内容

1) 表决逻辑　设有三人对一事表决，多数（二人及以上）赞成即通过；否则不通过。

提示：本题有三个变量 A、B、C——三人；一个逻辑函数——表决结果 L。

投票：“1”表示赞成；“0”表示反对。

表决结果：“1”表示通过；“0”表示不通过。

另：若三人中 A 有否决权，即 A 不赞成，就不能通过，应如何实现？

2) 交通信号灯监测电路　设一组信号灯由红（R）、黄（Y）、绿（G）三盏灯组成，如图 4-33 所示。正常情况下，点亮的状态只能是红、绿或黄加绿当中的一种。当出现其他五种状态时，信号灯发生故障，要求监测电路发出故障报警信号。

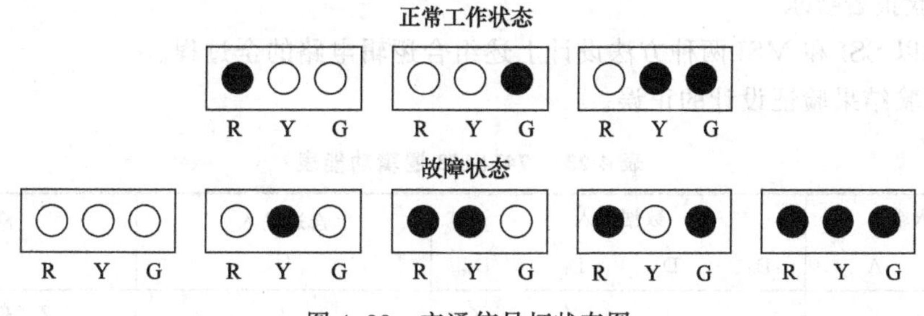

图 4-33　交通信号灯状态图

提示：本题有三个变量 R、Y、G，分别表示红、黄、绿三盏信号灯。“1”表示灯亮；“0”表示灯灭。一个逻辑函数 L，表示故障报警信号，正常情况下 L 为“0”；发生故障时，L 为“1”。

以上两例均要求采用 SSI 组合电路设计方法，应用 74LS00（四 2 输入与非门），以最少的与非门实现，并验证其逻辑功能。

附：四 2 输入与非门 74LS00 的管脚图如图 4-34 所示。

3）故障报警　某实验室有红、黄两个故障指示灯，用来指示三台设备的工作情况。当只有一台设备有故障时，黄灯亮；有两台设备有故障时，红灯亮；只有当三台设备都发生故障时，才会使红、黄两个故障指示灯同时点亮。

提示：本题有三个变量 A、B、C，表示三台设备。“1”表示故障；“0”表示正常。

有两个逻辑函数 L_1、L_2，分别表示红灯和黄灯。“1”灯亮，表示报警；“0”灯不亮，表示不报警。

此例要求采用 MSI 组合电路设计方法，用双四选一数据选择器（74LS153）实现，并验证其逻辑功能。

注：双四选一数据选择器（74LS153）的管脚图如图 4-35 所示，逻辑功能表如表 4-23 所示。

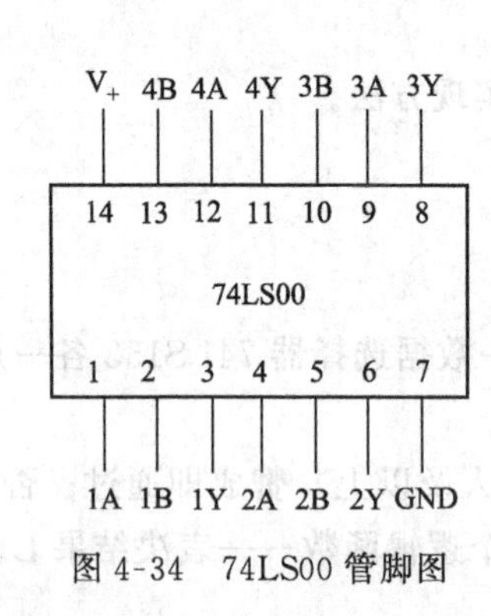

图 4-34　74LS00 管脚图

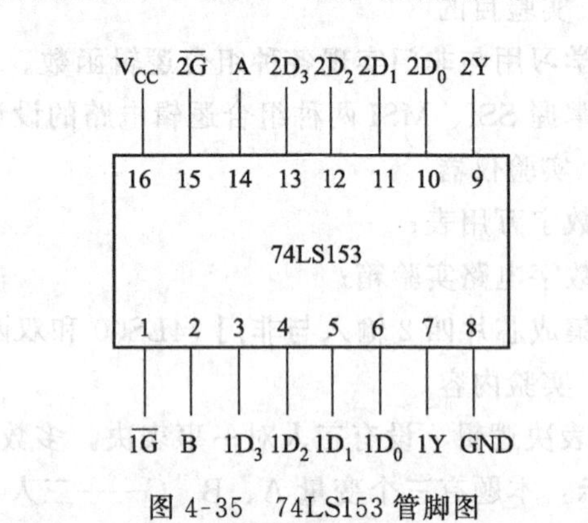

图 4-35　74LS153 管脚图

（4）预习思考题

① 复习组合逻辑电路的设计方法。

② 了解双四选一数据选择器（74LS153）的管脚图和逻辑功能。

③ 按实验内容中的要求，列各题的真值表，求出逻辑函数的表达式，并画出相应的逻辑电路。

（5）实验报告要求

① 归纳以 SSI 和 MSI 两种方法设计上述组合逻辑电路的全过程。

② 由实验结果验证设计的正误。

表 4-23　74LS153 逻辑功能表

选择输入端		数据输入				选通输入	输出
B	A	D_0	D_1	D_2	D_3	G	Y
×	×	×	×	×	×	1	Z（高阻态）
0	0	0	×	×	×	0	0

续表

选择输入端		数据输入				选通输入	输出
B	A	D_0	D_1	D_2	D_3	G	Y
0	0	1	×	×	×	0	1
0	1	×	0	×	×	0	0
0	1	×	1	×	×	0	1
1	0	×	×	0	×	0	0
1	0	×	×	1	×	0	1
1	1	×	×	×	0	0	0
1	1	×	×	×	1	0	1

4.8　实验二十二：触发器

(1) 实验目的

① 学习用与非门组成基本 RS 触发器并测试其逻辑功能。

② 熟悉集成 JK 触发器和 D 触发器及用它们接成的 T′触发器的逻辑功能和触发方式。

(2) 实验仪器

① 数字电路实验箱；

② 示波器；

③ 双 D 上升沿触发器 74LS74 和双 JK 下降沿触发器 74LS112 各一片。

(3) 实验内容

1) 用与非门组成基本 RS 触发器　所用与非门为四 2 输入与非门 74LS00。74LS00 管脚图见图 4-34。

① 按图 4-36 连接电路。

② 将置 0 端 R 和置 1 端 S 分别接数字电路实验箱的两个“逻辑开关”；输出端 Q、$\overline{Q}$ 分别接数字电路实验箱的两个“状态显示二极管”。

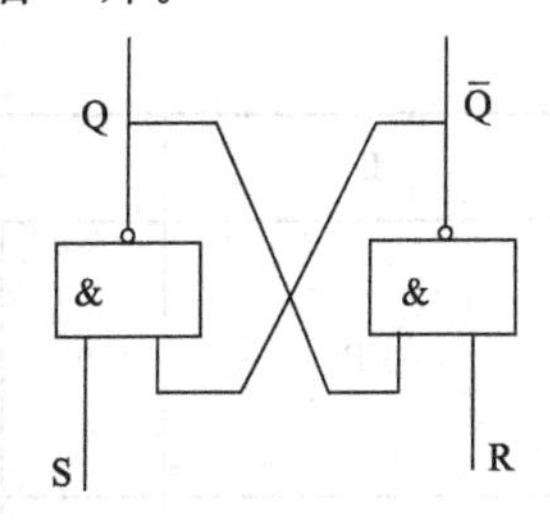

图 4-36　基本 RS 触发器

③ 按表 4-24，对应 R、S 的各种情况（R＝S＝0 除外），观察并记录输出端 Q 和 $\overline{Q}$ 的状态。

表 4-24　RS 触发器功能表

R	S	Q	$\overline{Q}$

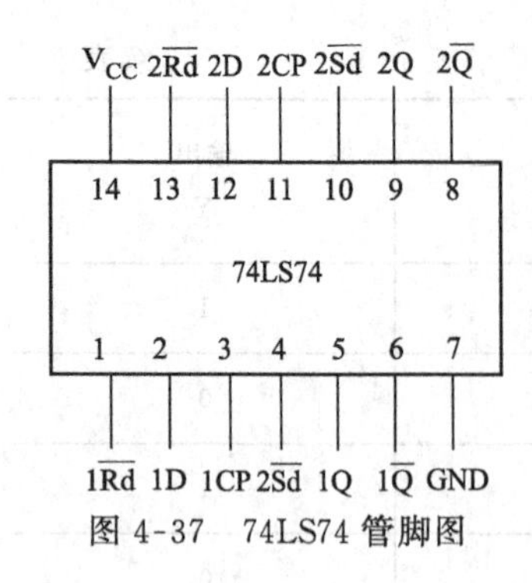

图 4-37　74LS74 管脚图

2）集成 D 触发器（双 D 上升沿触发器 74LS74）　双 D 上升沿触发器 74LS74 的管脚图见图 4-37。

① 异步置位和复位功能测试。在芯片上任选一 D 触发器，将置 0 端 $\overline{Rd}$ 和置 1 端 $\overline{Sd}$ 分别接数字电路实验箱的两个“逻辑开关”；CP 和 D 端处于任意电平，输出端 Q、$\overline{Q}$ 分别接数字电路实验箱的两个状态显示二极管。按表 4-25 对应 $\overline{Rd}$、$\overline{Sd}$ 的各种情况（$\overline{Rd}=\overline{Sd}=0$ 除外），观察并记录输出端 Q 和 $\overline{Q}$ 的状态。

表 4-25　D 触发器功能表

$\overline{Rd}$	$\overline{Sd}$	Q	$\overline{Q}$

② 逻辑功能测试。CP 接单正脉冲，D 端接逻辑开关，$\overline{Rd}$、$\overline{Sd}$、Q 端位置同上。

对应触发器的不同初态，在 D 为 1 或 0 状态下，观察 CP 作用前后，触发器输出端 Q 的状态与 D 端输入信号之间的关系。

a. CP 为 0，先将触发器置 1（$\overline{Sd}$ 端接一下低电平），然后使 D 为 0，观察触发器是否翻转。

b. D 仍为“0”，CP 加单正脉冲，按表 4-26，观察并记录输出端 Q 的状态。

c. CP 为“0”，先将触发器置“0”（$\overline{Rd}$ 端接一下低电平），然后使 D 为“1”，重复上述过程。

表 4-26　逻辑功能测试表

D	0					1				
CP	0	1 ↑ 0	1 ↓ 0	1 ↑ 0	1 ↓ 0	0	1 ↑ 0	1 ↓ 0	1 ↑ 0	1 ↓ 0
Q^{n+1}										
Q 初始状态	$Q^n=1$					$Q^n=0$				

③ 接成 T′触发器。

a. 将 D 触发器的 D 端和 $\overline{Q}$ 端相连，即转换为 T′触发器，如图 4-38 所示。

b. CP 加单正脉冲，按表 4-27 所列条件，观察并记录输出端 Q 的翻转次数和 CP 端输入的单正脉冲个数之间的关系。

c. CP 端输入连续脉冲，用示波器观察并对应画出 CP 和 Q 及 $\overline{Q}$ 端的波形。

表 4-27　T′触发器功能表

脉冲数 N	0	1		2		3		4	
CP	0	1 ↑ 0	1 ↓ 0	1 ↑ 0	1 ↓ 0	1 ↑ 0	1 ↓ 0	1 ↑ 0	1 ↓ 0
Q									
$\overline{Q}$									

3）集成 JK 触发器　双 JK 下降沿触发器 74LS112 的管脚图如图 4-39 所示。

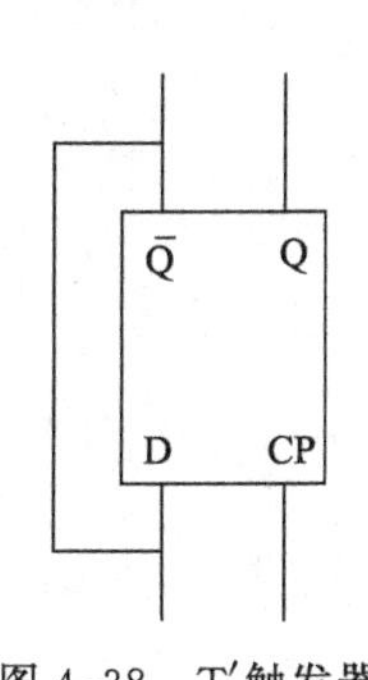

图 4-38　T′触发器

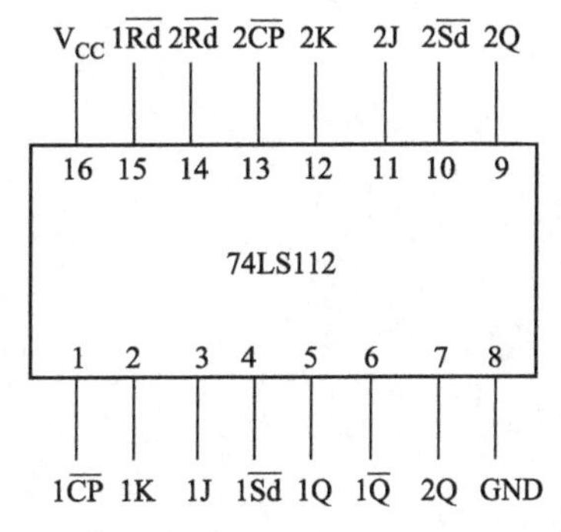

图 4-39　74LS112 管脚图

① 异步置位和复位功能测试。

a. 使 J、K、CP 为任意状态，令$\overline{Rd}$=0，$\overline{Sd}$=1，观察 Q 端的状态。

b. 使 J、K、CP 为任意状态，令$\overline{Rd}$=1，$\overline{Sd}$=0，观察 Q 端的状态。

将结果填入表 4-28 中。

表 4-28　JK 触发器功能表

CP	J	K	$\overline{Rd}$	$\overline{Sd}$	Q
×	×	×	0	1	
×	×	×	1	0	

② 逻辑功能测试。J、K 接逻辑开关，CP 接单正脉冲，其他同上。

a. 先将触发器置 0 或置 1（预置完成后$\overline{Rd}$和$\overline{Sd}$均为高电平），从 CP 端输入单正脉冲，在表 4-29 所列 J、K 情况下，观察并记录输出端 Q 的逻辑状态。

b. 将 JK 触发器接成计数态（令 J=K=1），从 CP 端输入连续脉冲，用示波器观察并对应画出 CP 和 Q 及 $\overline{Q}$ 端的波形。

表 4-29　逻辑功能测试

CP	0	1 ↑ 0	1 ↓ 0	0	1 ↑ 0	1 ↓ 0	0	1 ↑ 0	1 ↓ 0	0	1 ↑ 0	1 ↓ 0
J	0	0	0	0	0	0	1	1	1	1	1	1
K	0	0	0	1	1	1	0	0	0	1	1	1
Q	1											
	0											

(4) 预习思考题

复习各种触发器的逻辑功能和特点。

(5) 实验报告要求

① 整理各项实验结果。

② 总结各种触发器的逻辑功能和特点。

第5章　设计性电路实验与仿真

5.1　设计性电路实验目的与步骤

（1）设计性电路实验的目的

设计性电路实验是在基础性实验的基础上进行的综合性实验训练，其重点是电路设计。设计性实验是实验的重要教学环节，它对提高学生的电路设计水平和实验技能，培养学生综合运用所学的知识解决实际问题的能力都是非常重要的。

1）提高电路的设计能力　一般电路的设计工作主要包括：根据给定的功能和指标要求选择电路的总方案，设计各部分电路的结构，选择元器件的初始参数，使用仿真软件进行电路性能仿真和优化设计，安装、调试电路，进行电路性能指标的测试等。通过电路设计，可以进行设计思想、设计技能、调试能力与实验研究能力的训练，掌握使用仿真软件进行电路性能仿真和优化设计的方法，提高自学能力以及运用基础理论分析与解决实际工程问题的能力，培养严肃认真、理论联系实际的科学作风和创新精神。

2）加强解决实际工程问题的基本训练　设计性实验一般是提出实验目的和要求，给定电路功能和技术指标，由学生自己拟定实验实施方案，以培养学生的能力。学生可通过阅读参考资料，了解相关领域的新技术、新电路和新器件，开阔眼界与思路。通过查阅器件手册，进一步熟悉常用器件的特性和使用方法，按实际需要合理选用元器件。通过认真撰写总结实验报告，提高分析总结能力和表达能力。

（2）设计性电路实验步骤

设计性电路实验通常要经过电路设计、电路安装调试与指标测试等过程。一般要完成以下几步。

1）电路设计　认真阅读实验教材，深入理解实验题目所提出的任务与要求，阅读有关的技术资料，学习相关的基本知识；进行电路方案设计和论证；选择和设计单元电路（包括电路结构与元件参数）；使用相关软件进行电路性能仿真和优化设计；画出所涉及的电路原理图；拟定实验步骤和测量方法，画出必要的数据记录表格等。

2）安装调试与指标测试　根据电路设计，进行电路的连接、安装。安装完后，进一步调试，直至达到设计要求为止。

在调试过程中，就要进行指标测试。要认真观察和分析实验现象，测定实验数据，保证实验数据完整可靠。

3）撰写总结报告　每完成一个设计性实验，都必须写出一份总结报告。撰写总结报告既是对整个实验过程的总结，又是一个提高的过程。其主要包括以下几点。

① 题目名称。

② 设计任务和要求。

③ 初始电路设计方案：包括原理图与工作原理、单元电路设计（电路，各元器件主要

参数计算等)、仿真结果等。

④ 经实验调试修正后的总体电路图、工作原理或源程序文件、流程图等。

⑤ 实验测试数据和实验波形，分析实验结果，并与理论计算或仿真结果进行比较，对实验误差进行必要的分析讨论。

⑥ 总结分析调试中出现的问题，说明解决问题的方法和措施。

⑦ 对思考题的解答及所想到的新问题、新设想。

⑧ 自己的心得体会和建议。

⑨ 主要参考文献。

5.2 实验仿真与设计性电路实验

5.2.1 电路定理的仿真

(1) 实验目的

① 进一步加深对基尔霍夫定律、叠加原理、戴维南定理的理解。

② 初步掌握用 Multisim 软件建立电路及分析电路的方法。

(2) 实验仪器

① 计算机 1 台。

② Multisim2001 以上版本软件 1 套。

③ 打印机 1 台。

(3) 实验原理

1) 基尔霍夫定律　基尔霍夫定律是电路的基本定律，概括了电路中电流和电压应遵循的基本规律。

基尔霍夫电流定律 (KCL)：任一时刻，电路中任一结点流进和流出的电流相等，即 $\sum I=0$。

基尔霍夫电压定律 (KVL)：任一时刻，电路中任一闭合回路，各段电压的代数和为零，即 $\sum U=0$。

2) 叠加原理　在线性电路中，任一支路的电流或电压等于电路中每一个独立电源单独作用时，在该支路产生的电流或电压的代数和。

3) 戴维南定理　对外电路来讲，任何复杂的线性有源二端网络都可以用一个含有内阻的电压源等效。此电压源的电压等于二端网络的开路电压 U_{OC}，内阻等于二端网络各独立电源置零后的等效电阻 R_0。

实验中往往采用电压表测开路电压 U_{OC}，用电流表测端口短路电流 I_S，则等效电阻

$$R_0=\frac{U_{OC}}{I_S}$$

(4) 实验内容

1) 基尔霍夫定理的验证　实验电路如图 5-1 所示。

① 启动 Multisim2001。

② 电路的建立。在 Multisim 平台上建立如图 5-2 所示电路。在 Multisim 菜单项中选择 Circuit 项，在其下拉菜单中选择 Schematic Options 项，选中其对话框中的 Show/Hide 项中

的 Show nodes，然后按“确定”按钮就会显示出所有结点。在 Multisim 菜单项中选择 Analysis 项，在其下拉菜单中选择 DC Operating Point 项，屏幕中就会显示所有结点的电势，再计算出各元器件上的电压。

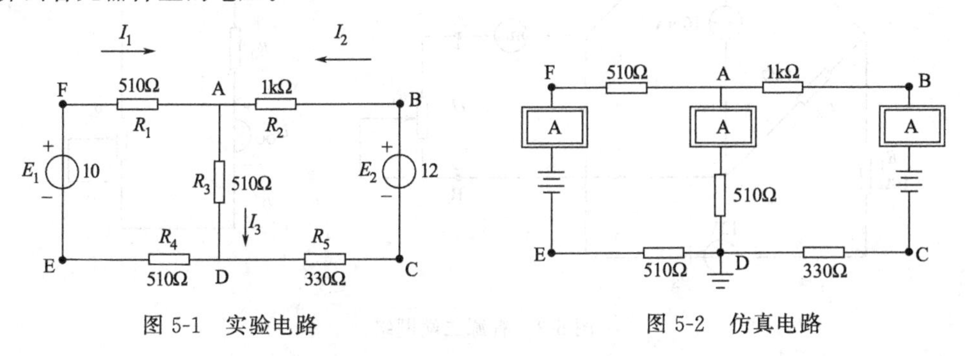

图 5-1　实验电路　　　　图 5-2　仿真电路

③ 激活电路，图中的电流表就会显示出各支路电流的大小；如果在元器件两端并联上一个电压表，就可以测量出该元器件上的电压。将各元器件端电压及各支路电流填入表 5-1 中，验证 KCL，KVL。

表 5-1　实验数据

	I_1/mA	I_2/mA	I_3/mA	E_1/V	E_2/V	U_{FA}/V	U_{AB}/V	U_{AD}/V	U_{CD}/V	U_{DE}/V
测量值										
计算值										

2）叠加定理的验证　在 Multisim 平台上建立如图 5-2 所示电路。分别测量 E_1，E_2单独作用时各元器件的电压和各支路的电流值，与 E_1，E_2共同作用时的数值比较，验证叠加原理。

① E_1单独作用时，E_2的数值设置为 0V，E_2单独作用时，E_1的数值设置为 0V 两种情况下，测得各个元器件两端电压和各支路的电流值。

② 测量 E_1，E_2共同作用时各个元器件两端的电压和各支路的电流值，与①中的数值比较。测量数据填入表 5-2。

表 5-2　实验数据

	I_1/mA	I_2/mA	I_3/mA	U_{FA}/V	U_{AB}/V	U_{AD}/V	U_{CD}/V	U_{DE}/V
E_1单独作用								
E_2单独作用								
E_1，E_2共同作用								

3）戴维南定理的验证　被测有源二端网络如图 5-3 所示。

① 在 Multisim 平台上建立图 5-4 所示电路，合上开关【Space】可测定短路电流 I_{SC}，断开开关并去掉负载电阻可测定开路电压 U_{OC}，$R_0=\dfrac{U_{OC}}{I_S}$，将数据填入表 5-3。

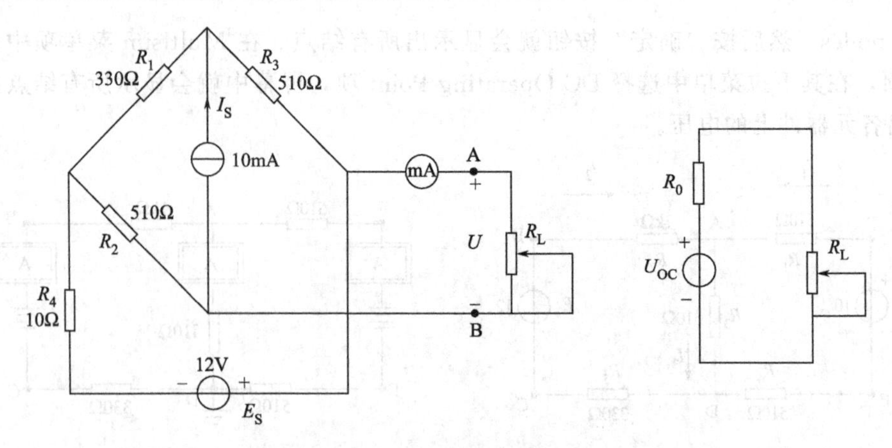

图 5-3　有源二端网络

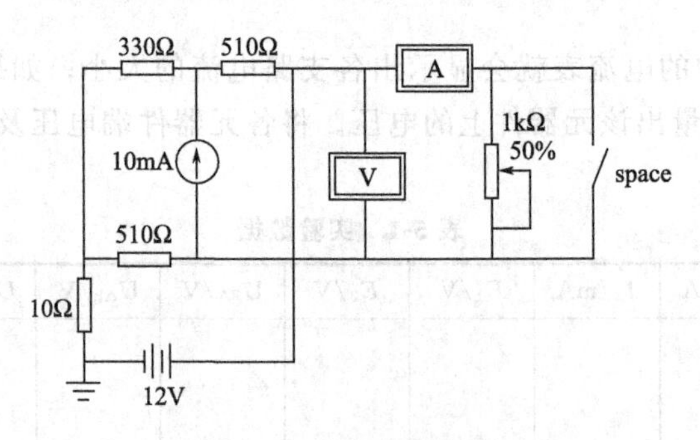

图 5-4　仿真实验电路

表 5-3　实验数据

U_{OC}/V	I_{SC}/mA	R_0/Ω

② 断开开关，改变滑线变阻器接入电路部分的电阻值，每改变一次都记录下此时的电流值，记入表 5-4。

③ 调直流电压源，使其电压数值为开路电压 U_{OC}；调电阻，使其数值为等效电阻 R_0，构成戴维南等效电路，改变滑线变阻器接入电路部分的电阻值，每改变一次都记录下此时的电流值，将数据记入表 5-4，对戴维南定理进行验证。

表 5-4　实验数据

R_L/Ω	0	50	100	150	200	250
原网络电流						
等效电路电流						

4）注意事项

① 建立电路时，电路公共参考端应与从信号源库中调出的接地图标相连。

② 测量过程中由于参考方向的选定，应注意实际测量值的正、负号。

（5）预习思考题

① 复习基尔霍夫定律和戴维南定理。

② 根据基尔霍夫定律和戴维南定理分析本实验电路。

（6）实验报告要求

① 画出所建电路图。

② 对实验结果进行分析。

5.2.2　电路的暂态分析

（1）实验目的

① 学习虚拟示波器的使用方法。

② 掌握用 Multisim 中虚拟示波器测试电路暂态过程的方法。

③ 学会用方波测试一阶 RC 电路、二阶 RLC 串联电路的暂态响应与参数的方法。

（2）实验仪器

① 计算机 1 台。

② Multisim2001 以上版本软件 1 套。

③ 打印机 1 台。

（3）实验原理

当由动态元件（储能元件 L 或 C）组成的电路产生换路时，如结构或元件的参数发生改变时，或电路中的电源或无源元件的断开或接入、信号的突然输入等，可能使电路改变原来的工作状态，而转变到另一种工作状态。此时，电路存在一个过渡过程。

当电路中只含有一个动态元件或可以等效为一个动态元件时，根据电路的基本定律列出的方程是一阶微分方程。此时电路各部分的响应成指数规律。

当电路中含有多个动态元件，根据电路的基本定律列出的方程是二阶微分方程时，电路的响应成为二阶响应，如 RLC 串联的电路。如图 5-5 所示。

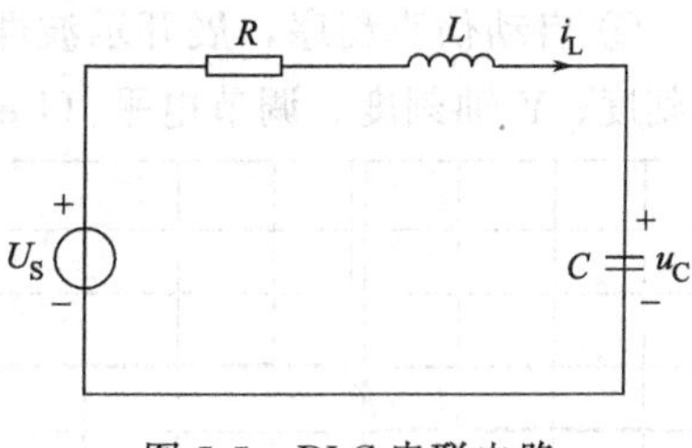

图 5-5　RLC 串联电路

它可以用下述二阶微分方程来描述。

$$LC\frac{\mathrm{d}^2u_C}{\mathrm{d}t^2}+RC\frac{\mathrm{d}u_C}{\mathrm{d}t}+u_C=U_S$$

其初始值为

$$u_C(0+)=u_C(0-)=U_0,\qquad \left.\frac{\mathrm{d}u_C}{\mathrm{d}t}\right|_{t=0}=\frac{i_L(0+)}{C}=\frac{I_0}{C}$$

式中，u_C，i_L 为电容电压和电感电流；I_0 为电感电流的初始值；U_0 为电容电压的初始值。

求解微分方程，可以得到电容电压随时间变化的规律。改变初始电压和输入激励，可以得到三种不同的二阶响应。不管是哪个响应，其响应的模式完全由电路微分方程的两个特征根 $S_{1,2}=-\frac{R}{2L}\pm\sqrt{\left(\frac{R}{2L}\right)^2-\frac{1}{LC}}$ 所决定。设衰减系数 $\alpha=\frac{R}{2L}$，谐振角频率 $\omega_0=\frac{1}{\sqrt{LC}}$，则两个特征根可写为 $S_{1,2}=-\alpha\pm\sqrt{\alpha^2-\omega_0^2}$。

当 $\alpha>\omega_0$ 时，$R>2\sqrt{\frac{L}{C}}$，则 $S_{1,2}$ 有两个不同的实根为 $-\alpha\pm\sqrt{\alpha^2-\omega_0^2}$，响应模式是非振荡的，称为过阻尼情况；当 $\alpha=\omega_0$ 时，$R=2\sqrt{\frac{L}{C}}$，则 $S_{1,2}$ 有两个相等的负实根为 $-\alpha$，

响应是临界振荡的，称为临界阻尼情况；当 $\alpha<\omega_0$ 时，$R<2\sqrt{\frac{L}{C}}$，则 S_{12} 有一对共轭复根为 $-\alpha\pm j\sqrt{\alpha^2-\omega_0^2}$，响应是振荡性的，称为欠阻尼情况；当 $R=0$ 时，则 $S_{1,2}$ 为一对虚根，$\pm j\omega_0$，响应模式是等幅振荡的，称为无阻尼情况。

(4) 实验内容

1) 研究 RC 电路的方波响应

① 建立电路如图 5-6 所示。激励信号为方波，取信号源库中的时钟信号，其峰-峰值（即 Voltage 参数的值）为 10V，频率为 1kHz。

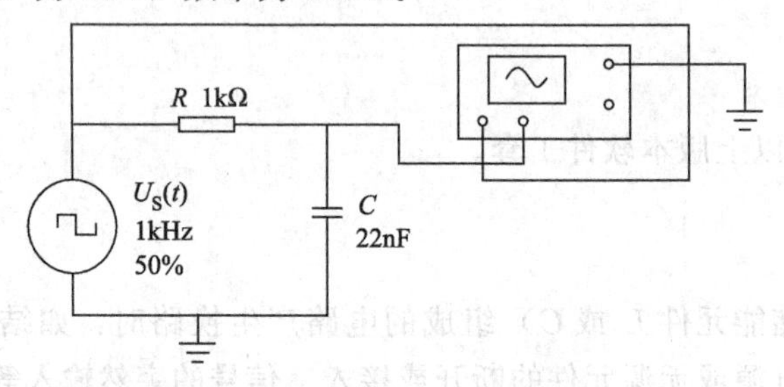

图 5-6　RC 电路的方波响应

② 启动仿真程序，展开示波器面板。触发方式选择自动触发（Auto)，设置合适的 X 轴刻度、Y 轴刻度。调节电平（Level)，使波形稳定。

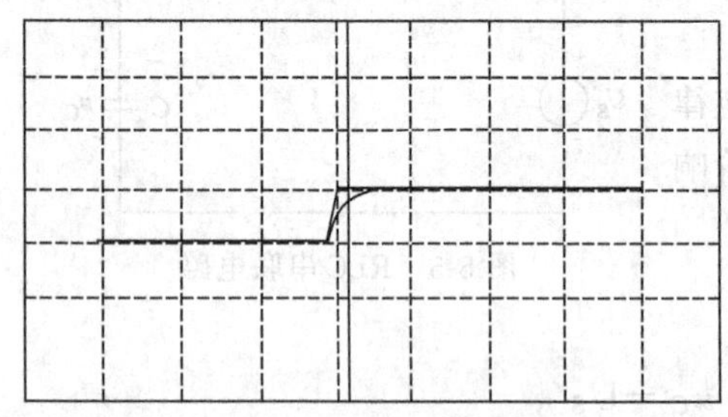

图 5-7　测量 τ 的波形图

③ 观察 $u_C(t)$ 的波形，测试时间常数。通道 B 的波形即为 $u_C(t)$ 的波形。为了能较为精确地测试出时间常数 τ，应将要显示段波形的 X 轴方向扩展，即将 X 轴刻度设置减小，如图 5-7 所示。将鼠标指向读数游标的带数字标号的三角处并拖动，移动读数游标的位置，使游标 1 置于 $u_C(t)$ 波形的零状态响应的起点，游标 2 置于 $V_{B1}-V_{B2}$ 读数等于或者非常接近于 6.32V 处，则 T_1-T_2 的读数即为时间常数 τ 的值。

④ 改变方波的周期 T，分别测试比较 $T=20\tau$，10τ，2τ，0.2τ 时 $u_C(t)$ 的变化。

2) 研究二阶 RLC 串联电路的方波响应

① 按图 5-8 所示建立电路。激励信号取频率为 5kHz 的时钟信号。

② 启动仿真程序，调节电阻 R 的数值，用示波器测试观察欠阻尼、临界阻尼和过阻尼三种情况下的方波响应波形，并记录下临界阻尼时的电阻 R 的数值。

③ 用示波器测量欠阻尼情况下响应信号的 T_d，U_{m1}，U_{m2} 的值，计算出振荡角频率 ω 和衰减系数 α。

3) 注意事项

① 仪器连接时，示波器的接地引线端应与接地图标相连接。

② 用虚拟示波器测试过程中，如果波形不易调稳，可以用 Multisim 主窗口右上角的暂停（Pause）按钮，或者在 Analysis \ Analysis Options \ Instruments 对话框中设置 Pause after each semen（示波器满屏暂停）使波形稳定；但当改变电路参数再观察波形时，应重

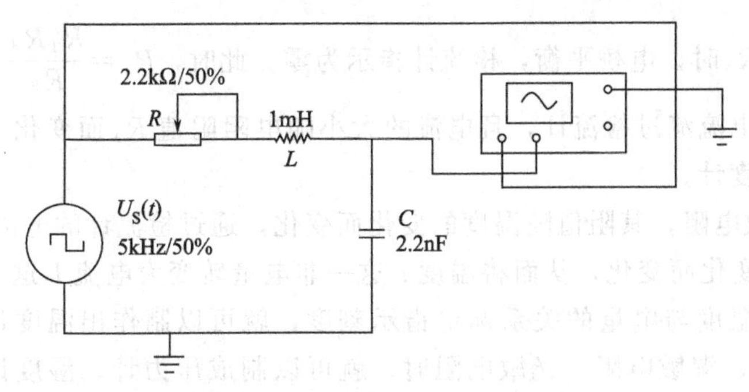

图 5-8　RLC 串联电路的方波响应

新启动仿真程序。

③ 在测量时间常数时，必须注意方波响应是否处在零状态响应和零输入响应$\left(\frac{T}{2}>5\tau\right)$的状态。否则，测得的时间常数是错误的。

(5) 预习思考题

① 复习相关电路暂态分析的原理和方法，并计算出各表达式。

② 定性画出方波激励下二阶电路电容上电压在过阻尼、临界阻尼、欠阻尼情况下的波形。

③ 阅读 Multisim 使用说明，了解示波器的使用方法。

(6) 实验报告要求

① 做出各电路的波形曲线。

② 列出各电路所要求测试的数据并分析测试结果。

5.2.3　电阻温度计设计

(1) 实验目的

① 练习利用计算机仿真进行电路设计、制作和调试的能力。

② 掌握电桥测量电路的原理与方法。

③ 了解非电量转化为电量的实现方法。

(2) 实验仪器

① 直流稳压电源 1 台或电池 1 节；

② 电流表头 1 只（建议使用 100μA 电流表头）；

③ 热敏电阻 1 只；

④ 电阻若干；

⑤ 计算机；

⑥ Multisim 仿真软件 1 套。

(3) 实验原理

图 5-9 所示为一电桥测量电路。其中 G 是检流计。

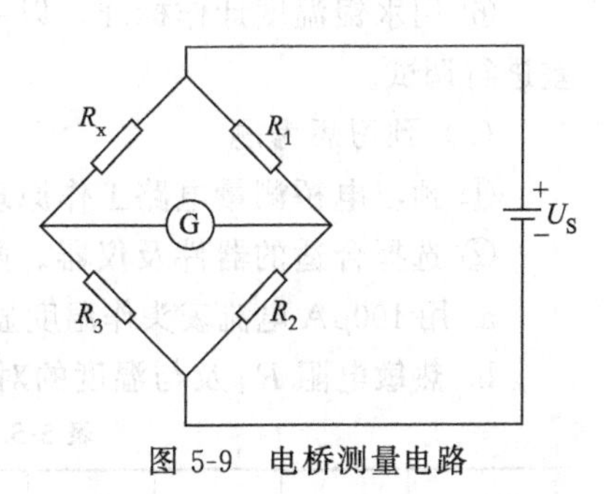

图 5-9　电桥测量电路

检流计两端开路电压为

$$U=\frac{R_2R_x-R_1R_3}{(R_1+R_2)(R_x+R_3)}U_S$$

当$R_2R_x=R_1R_3$时，电桥平衡，检流计指示为零。此时，$R_x=\frac{R_1R_3}{R_2}$。当电桥平衡条件被破坏时，就会有电流流过检流计，且电流的大小随电阻阻值R_x而变化。利用电桥这一特性可以制成电阻温度计。

取R_x为一热敏电阻，其阻值随温度的变化而变化，通过检流计的电流随R_x的变化而变化，即随温度t的变化而变化，从而将温度t这一非电量转变为电流I这一电量。将这一电量测量显示，根据温度与电量的关系标定指示刻度，就可以制作出温度计。除此之外，当R_x分别为压敏电阻、湿敏电阻、光敏电阻时，就可以制成压力计、湿度计、照度计等测量仪器。其用途十分广泛。

要求利用电桥测量原理制作一只电阻温度计。

(4) 实验内容

① 实验电路设计。按电桥测量电路设计合理的电路温度计测量电路，R_x选用热敏电阻R_T。

② 电路仿真。利用 Multisim 对所设计电路进行仿真，调整确定器件参数。图 5-10 是一个可能的选择。

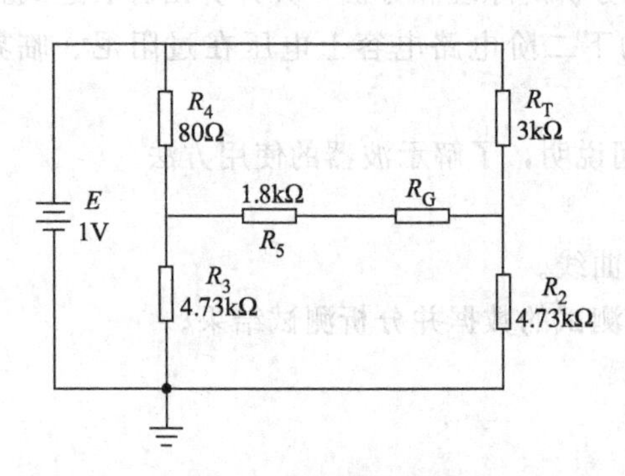

图 5-10 仿真电路图

③ 硬件连接。根据仿真确定的电路和器件进行电路连线，制成满足要求的电路。

④ 调整测试。进行实际测量，记录所测量数据并与仿真的计算数据比较。

⑤ 利用设计的电路及测量的数据改制、标定温度表刻度，电阻温度计即制作完成。

⑥ 用水银温度计作标准，以一杯开水逐渐冷却的温度作测试对象，对自制的温度计误差进行调试。

(5) 预习思考题

① 预习电桥测量电路工作原理。

② 选择合适的器件及仪器。画出实验电路列出所有器件清单。

a. 用 100μA 电流表头作温度显示时，表头中“0”代表温度 0℃，“100”代表温度 100℃。

b. 热敏电阻R_T及与温度的对应关系见表 5-5。

表 5-5 热敏电阻 R_T 及与温度的对应关系

T/℃	0	10	20	30	40	50	60	70	80	90	100
R_T/Ω	3000	1850	1180	800	550	350	240	180	140	110	80

（6）实验报告要求

① 写出各电路的仿真结果和实测结果（表格或波形）。

② 简述实验设计中各参数选取的依据，以及调试中遇到问题的解决思路和方法。

③ 总结收获和体会。

5.2.4　受控源设计

（1）实验目的

① 了解运算放大器的应用及选择线性工作范围的方法。

② 加深对受控源的理解。

③ 掌握由运算放大器组成各种受控源电路的原理和方法。

④ 掌握受控源特性的测量方法。

（2）实验仪器设备；

① 双路稳压电源 1 台；　② 可调电压源 1 台；

③ 可调电流源 1 台；　④ 万用表 1 台；

⑤ 运算放大器 2 个；　⑥ 电阻箱 1 个；

⑦ 计算机；　⑧ Multisim 仿真软件 1 套。

（3）实验原理

运算放大器与电阻元件组合，可以构成四种类型的受控源。实验要求应用运算放大器构成四种受控源。

1）电压控制电压源（VCVS）　由运算放大器构成的 VCVS 电路如图 5-11 所示。由运算放大器输入端“虚短”、“虚断”特性可知，输出电压：

$$U_2=-\frac{R_f}{R_1}U_1$$

即运算放大器的输出电压 U_2 受输入电压 U_1 的控制。

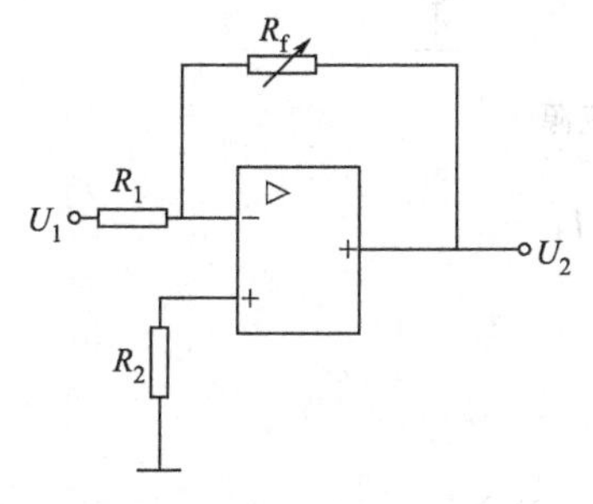

图 5-11　电压控制电压源

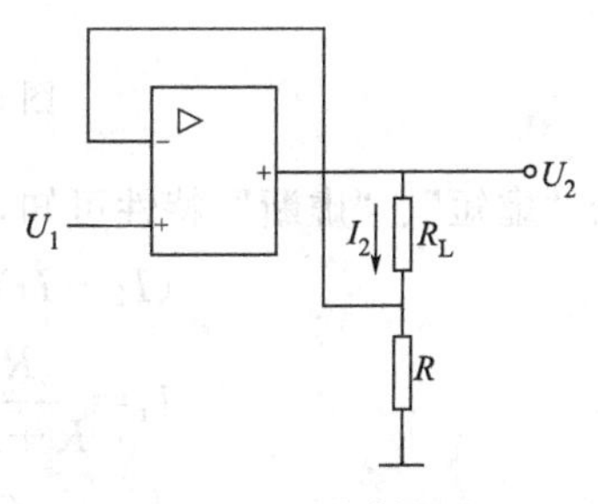

图 5-12　电压控制电流源

转移电压比为

$$\frac{U_2}{U_1}=-\frac{R_f}{R_1}$$

该电路是一个反相比例放大器，其输入与输出有公共接地端，这种连接方式为共地连接。

2）电压控制电流源（VCCS）　由运算放大器实现的 VCCS 电路如图 5-12 所示。根据理想运算放大器“虚短”、“虚断”特性，输出电流为

$$I_2=\frac{U_1}{R}$$

即 I_2 只受输入电压 U_1 控制，与负载 R_L 无关（实际要求 R_L 为有限值）。

该电路输入、输出无公共接地点，这种连接方式称为浮地连接。

3）电流控制电压源（CCVS）　由运算放大器组成的 CCVS 电路如图 5-13 所示。

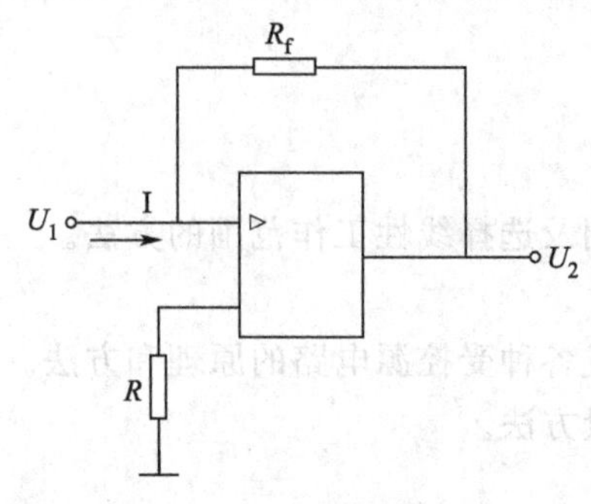

图 5-13　电流控制电压源

根据理想运算放大器“虚短”、“虚断”特性，可推得

$$U_2=-I_1R_f\propto I_1$$

即输出电压 U_2 受输入电流 I_1 的控制，转移电阻为：$-R_f$。

4）电流控制电流源（CCCS）　运算放大器构成的 CCCS 电路如图 5-14 所示。

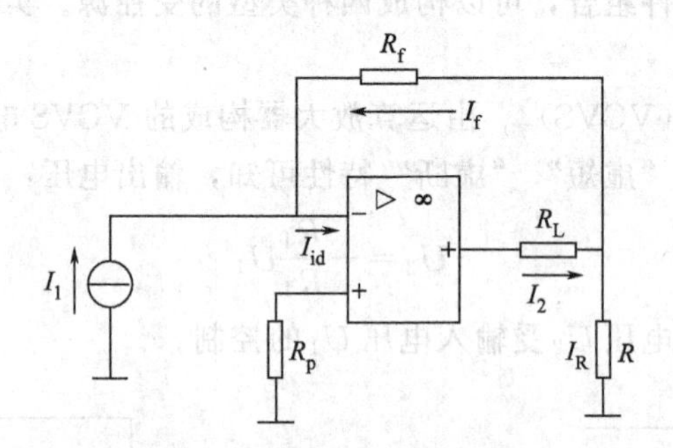

图 5-14　电流控制电流源

根据“虚短”、“虚断”特性可知，$I_{id}=0$，$I_1=-I_f$

$$(I_2-I_f)R=I_fR_f$$

$$I_f=\frac{R}{R+R_f}I_2=-I_1$$

$$I_2=-\left(\frac{R+R_f}{R}\right)I_1=-\left(1+\frac{R_f}{R}\right)I_1$$

即输出电流 I_2 只受输入电流 I_1 的控制，与负载 R_L 无关。

转移电流比为　$$\frac{I_2}{I_1}=-\left(1+\frac{R_f}{R}\right)$$

(4) 实验内容

1）测量电压控制电压源（VCVS）特性

① 设计电路，并选择合适的器件参数。

② 电路仿真。利用 Multisim 对所设计电路进行仿真，调整器件参数。

③ 硬件连接。根据仿真确定的电路和器件进行电路连接，制作成满足要求的电路。

④ 测试调整。进行实际测量，自行给定 U_1 值，测试 VCVS 的转移特性 $U_2=f(U_1)$，设计数据表格并记录。

2）测试电压控制电流源（VCCS）特性

① 设计电路，并选择合适的器件参数。

② 电路仿真。利用 Multisim 对所设计电路进行仿真，调整器件参数。

③ 硬件连接。根据仿真确定的电路和器件进行电路连接，制作成满足要求的电路。

④ 测试调整。进行实际测量，自行给定 U_1 值，测试 VCCS 的转移特性 $I_2=f(U_1)$，设计数据表格并记录。

3）测试电流控制电压源（CCVS）特性

① 设计电路，并选择合适的器件参数。

② 电路仿真。利用 Multisim 对所设计电路进行仿真，调整器件参数。

③ 硬件连接。根据仿真确定的电路和器件进行电路连接，制作成满足要求的电路。

④ 测试调整。进行实验测量，自行给定 I_1 值，测试 CCVS 的转移特性 $U_2=f(I_1)$，设计数据表格并记录。

4）测定电流控制电流源（CCCS）特性

① 设计电路，并选择合适的器件参数。

② 电路仿真。利用 Multisim 对所设计电路进行仿真，调整器件参数。

③ 硬件连接。根据仿真确定的电路和器件进行电路连接，制作成满足要求的电路。

④ 测试调整。进行实际测量，自行给定 I_1 值，测试 CCCS 的转移特性 $I_2=f(I_1)$，设计数据表格并记录。

（5）预习思考题

① 复习运算放大器的原理及分析应用方法。

② 复习受控源的分析方法。

③ 选择测试仪器（以便用来测试 I_1，I_2，U_1，U_2等）以及其他设备。

（6）实验报告要求

① 简述实验原理、目的。画出各实验电路，整理实验数据。

② 用所测数据计算各受控源参数，并与理论值进行比较，分析误差原因。

③ 总结运算放大器的特点以及此次实验的体会。

5.2.5　感性负载断电保护电路设计

（1）实验目的

① 掌握感性负载的工作特性，了解其断电保护在工程上的意义。

② 培养理论联系实际的能力。

③ 训练提高利用计算机仿真软件设计电路的能力。

④ 培养独立设计实验和分析总结（报告）的能力。

（2）实验仪器设备

① 双路稳压电源 1 台；

② 感性负载 1 台；

③ 数字万用表 1 台；

④ 电阻若干；

⑤ 二极管 1 只；

⑥ 计算机；

⑦ Multisim 仿真软件 1 套。

(3) 实验原理

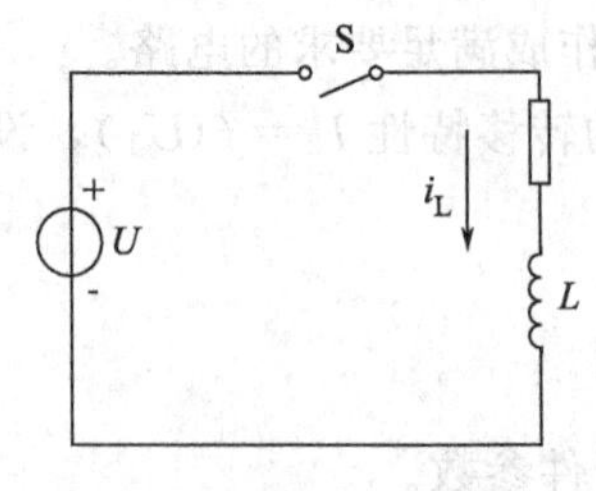

图 5-15　简单感性负载电路

从理论上讲，电感在正常情况下发生断路时，电感电流不能发生跃变。但是对于图5-15所示的简单的感性负载电路来讲，当直流激励的感性负载支路突然断电时，电感电路从非零值变为零，电感上会感应出极高的电压。此时，如果没有专用的续流电路，电感电路不能在开关触点分离瞬间立即下降为零，而要穿过触点的气隙持续一段时间，从而形成气体导电而出现电弧。即电弧是由触点断开时，电路中电感负载感应高压击穿触点气隙，使空气成为电流的通路而产生的现象。

电弧和火花会烧坏开关触点，大大降低触点的工作寿命。电弧还会产生强大的电磁干扰，破坏其他电气设备的正常工作，严重时还会危及人身安全，造成很大的危险。

断电保护电路是消除感性负载断电危险的一个有效措施，如图 5-16 所示。

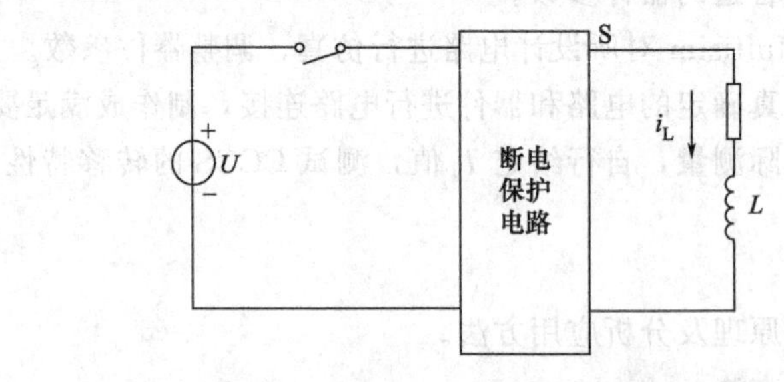

图 5-16　带断电保护的感性负载电路

断电保护电路的设计原则是当负载正常工作时，保护电路不工作，对原电路尽量不产生影响。一旦负载断电，保护电路可提供一个感性负载的放电回路，亦称为续流通路，续流电路将电路中储存的磁场能量以其他能量形式消耗掉，使电感电流不出现过大变化，从而保证电感两端不产生过高的电压，避免断电时发生危险。通常，可以选择阻值合适的电阻或利用二极管的单向导电性构成保护电路。

要求设计至少一种感性负载的断电保护电路。

(4) 实验内容

1) 电路设计　画出设计线路，选择确定电路元件及参数。

2) 理论分析　从理论上分析所设计电路的断电保护的原理。

3) 电路仿真　利用 Multisim 对所设计电路进行仿真，调整确定器件参数。

① 加保护前的电感电流波形分析；

② 加保护后的电感电流波形分析；

③ 保护电路取不同参数情况下的保护效果；

④ 选择合理的保护电路参数并说明原因。

4）硬件连接　根据仿真确定的电路和器件进行电路连接，构成满足要求的电路。

5）测试调整　选择合适的直流电源输入，验证所设计的断电保护电路对感性负载的保护作用。测试相关数据并记录于表格。

（5）预习思考题

① 复习所用的基本理论，确定设计的基本思想。

② 选择实验所用测量仪表仪器及其他设备。

③ 实验前拟好实验数据记录表格及实验步骤。

（6）实验报告要求

① 综述设计原理，画出各实验电路图，整理实验数据。

② 写出实测过程报告，并分析总结实测结果。

③ 总结对该实验的体会。

附录 1 仿真软件（Multisim）简介

Multisim 是加拿大 Electronics Workbench 公司研制的虚拟电子工作台电路分析与仿真软件，可进行原理图或硬件描述语言的输入、模拟和数字电路分析、仿真和设计。

Multisim 的突出特点是图形界面直观，可在计算机屏幕上模仿出真实实验室的工作台，提供虚拟仪器测量和元件参数实时交互方法；可以方便地调用各种仿真元器件模型，创建电路，执行多种电路分析功能；软件仪器的控制面板外形和操作方式都与实物相似，可以实时显示测量结果，并可以交互控制电路的运行与测量过程。

Multisim 的基本操作如下。

附录 1.1 Multisim 软件界面

(1) 主窗口

双击桌面上的图标Multisim.lnk启动 Multisim，可见其主窗口是由菜单、常用工具按钮、元件选取按钮、仪器选取按钮、原理图编辑窗口、分析图形窗口等组成，如图附图 1-1 所示。

其中最大的区域是电路工作区，可进行电路的连接和测试。工作区的上面和两侧是菜单、系统工具栏、元件工具栏和虚拟仪器工具栏。

(2) 命令菜单

菜单栏在主窗口的最上方，如附图 1-2 所示，每个菜单都有一个下拉菜单。

① File 中包含电路文件的创建、保存、打印、最近打开过的文件记录、退出等命令。

② Edit 主要包含原理图编辑（剪切、复制、粘贴、删除、全选）、元件的旋转及元件特性的编辑等命令。

③ View 用于确定仿真界面上显示的内容以及电路图的缩放。

④ Place 提供在电路窗口内放置元件、连接点、总线和文字、子电路操作等命令，利用工具栏中提供的按钮可以更方便地放置元件。

⑤ Simulate 提供电路仿真、仿真参数设置等操作命令，其中的命令及功能如下。

- Run　运行仿真开关
- Pause　暂停仿真
- Default Instrument Settings...　打开预置仪表设置对话框
- Digital Simulation Settings...　选择数字电路仿真设置
- Instruments　选择仿真仪表
- Analyses　选择仿真分析法
- Auto Fault Option...　自动设置电路故障

⑥ Transfer 提供将电路仿真结果传递给其他软件（如：Ultiboard）处理的命令。

⑦ Options 用于定制电路的界面和电路某些功能的设定。

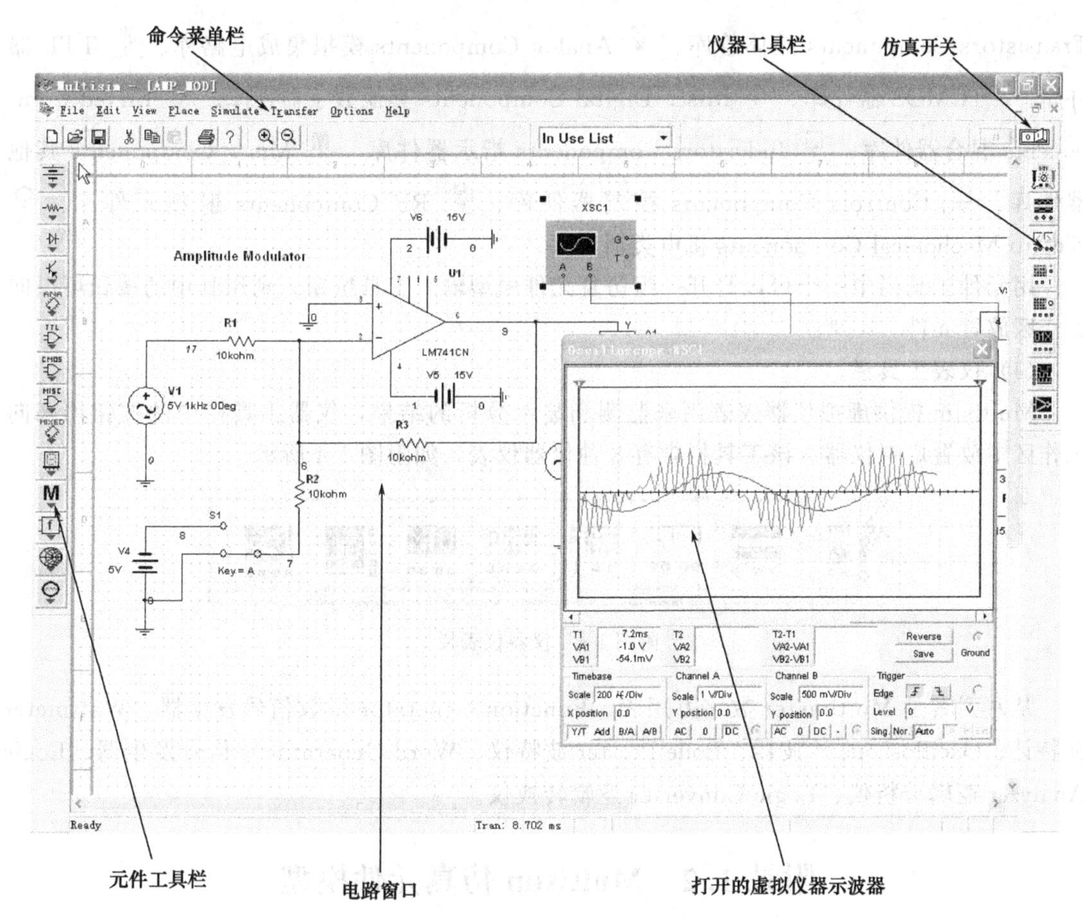

附图 1-1　Multisim 的主窗口

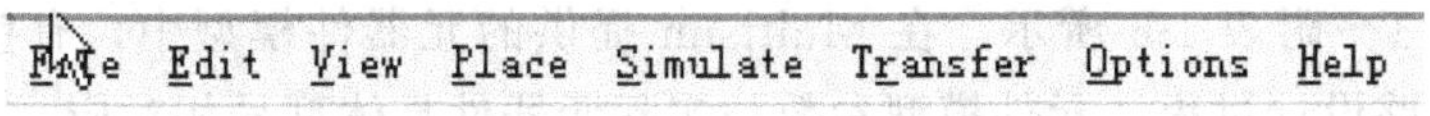

File　Edit　View　Place　Simulate　Transfer　Options　Help

附图 1-2　主窗口菜单栏

⑧ Help 提供软件的操作说明，仿真元件模型的说明等有用信息。

(3) 元件库工具栏

元件工具栏由 14 个元件库按钮组成，从主窗口可以看出，元件库工具栏通常放置在工作窗口的左边，也可以任意移动这一列按钮到主窗口中其他位置。附图 1-3 显示水平放置的元件库工具栏。

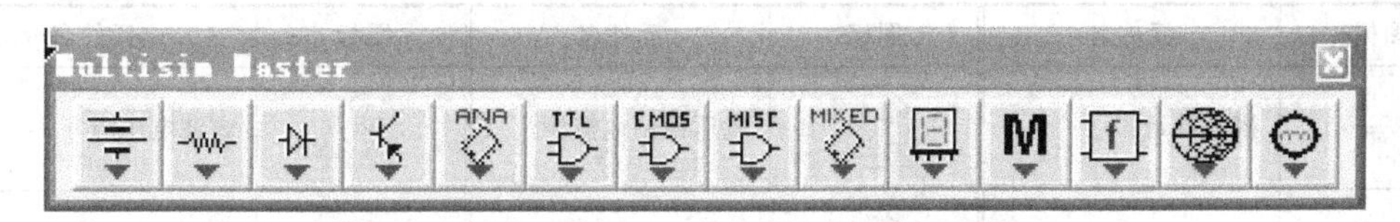

附图 1-3　元件库工具栏

这 14 个元件库按钮从左到右分别如下。

Sources 电源库、Basic 基本元件库、Diodes Components 二极管库、

Transistors Components 晶体管库、Analog Components 模拟集成电路库、TTL 器件库、CMOS 器件库、Misc. Digital Components 其他数字器件库、Mixed Components 混合器件库、Indicators Components 指示器件库、Misc. Components 其他器件库、Controls Components 控制器件库、RF Components 射频元件库、Electro-Mechanical Components 机电类器件库。

用元件工具栏中一个可以打开一组仿真元件模型输入工具按钮，利用其中的按钮可以向工作区放置元件。

(4) 仪表工具栏

Multisim 提供虚拟仪器仪表用来监测和显示分析的结果，仪器工具栏中的按钮用来向工作区中放置虚拟仪器。该工具栏含有 8 种仪器仪表，如附图 1-4 所示。

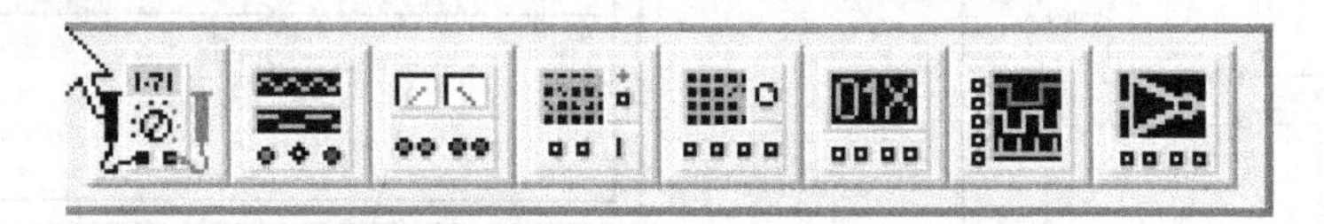

附图 1-4　仪器仪表栏

从左到右是 Multimeter 数字万用表、Function Generator 函数信号发生器、Wattmeter 瓦特计、Oscilloscope 示波器、Bode Plotter 波特仪、Word Generator 字信号发生器、Logic Analyzer 逻辑分析仪、Logic Converter 逻辑转换仪。

附录 1.2　Multisim 仿真元件模型

Multisim 提供元器件库，可以从主窗口的元件工具栏中选取。主要元器件库中的元器件模型如附表 1-1～附表 1-6 所示，在 Multisim 提供的元器件模型中，有些同时有两类模型。一类用于电路设计过程，元件模型参数与实际元器件具体型号相对应，具有生产厂家提供的典型值或标称值，不能单独调整。Multisim 提供了各种类型有型号器件模型数据库，在网站上提供数据库更新，用户可以增加新元件或修改数据库中元件模型，以适应设计需要。另外一类元件称为虚拟元件，在元件工具栏中用绿色图标表示。虚拟元件不与具体实际元器件型号对应，只是提供一个通用模型，在电路中不同实例的所有参数皆可以单独修改。虚拟元件适用于一般理论分析和电路仿真，本课程中一般宜采用该种模型。

附表 1-1　信号源元件

图标	元件名	图标	元件名	图标	元件名
	模拟接地		电压控制电流源		方波电压源
	直流电压源		电流控制电压源		方波电流源
	直流电流源		电流控制电流源		指数波电压源

续表

图标	元件名	图标	元件名	图标	元件名
	交流电压源		时钟源		指数波电流源
	交流电流源		调幅电源		分段线性电压源
	电压控制电压源		调频电源		分段线性电流源

附表 1-2 基本元件

图标	元件名	图标	元件名	图标	元件名
	虚拟电阻		虚拟线性变压器		虚拟电位器
	虚拟电容		虚拟继电器		虚拟可调电容
	虚拟电感		开关		虚拟可调电感

附表 1-3 二极管

图标	元件名	图标	元件名	图标	元件名	图标	元件名
	虚拟二极管		虚拟稳压二极管		发光二极管		全波整流桥

附表 1-4 模拟集成电路

图标	元件名	图标	元件名
	虚拟三端运算放大器		虚拟五端运放
	虚拟七端运放		虚拟比较器

附表 1-5 指示器件

图标	元件名	图标	元件名	图标	元件名	图标	元件名
	虚拟二极管		虚拟稳压二极管		发光二极管		全波整流桥

附表 1-6 控制器件

图标	元件名	图标	元件名
	虚拟三端运算放大器		虚拟五端运放
	虚拟七端运放		虚拟比较器

附录 1.3　电路分析与仿真的主要步骤

① 建立电路。

② 调整元件参数。

③ 连接仪器进行虚拟测量。

④ 设定分析功能和选项后对电路进行分析。

下面用一个例子简要说明该过程。

（1）输入电路原理图

首先放置元件。按菜单“View”出现下拉菜单，选中“Toolbars”，选择“Components”，则显示出元件工具栏，按其中的“”按钮打开电源元件工具栏。选择图标“”，用鼠标在电路工作区适当的位置单击，即可以放置一个交流电压源 V1。再选择图标“”，在工作区中放置接地符号。然后，按元件工具栏中的“”按钮，打开基本元件工具栏，选择虚拟电阻“”和虚拟电容“”元件模型，放置到电路区中。下一步是放置导线，连接元件。用鼠标单击 V1 上面端子，然后将鼠标移向要连接的 R1 左端子。在此过程中，显示虚线在 R1 的左端单击，完成该条导线的连接。用同样方法，连接 R1 右端与 R2 上端。只要把连接线的终点放到已有导线上即可。用类似方法完成整个电路的连接，如附图 1-5 所示。

（2）调整元件参数

在电路区中单击鼠标右键，在菜单中选“Show…”菜单项，在弹出的对话框中，选中“Show node names”，在电路图中显示出节点标号或名称。注意，其中接地节点的标号固定为 0。

然后设置元件参数。每个仿真元件都有若干属性或参数，可以根据分析或仿真的要求调整。双击附图 1-5 中 V1 的电压源符号，弹出附图 1-6 所示元件属性对话框。本例中，给电压源加上直流偏移电压（Voltage Offset）1V。

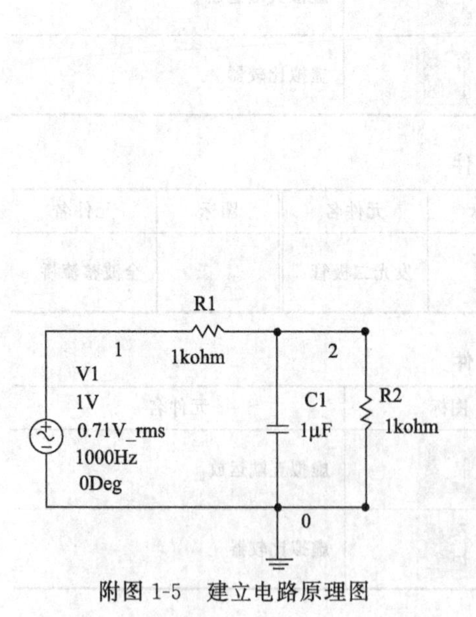

附图 1-5　建立电路原理图

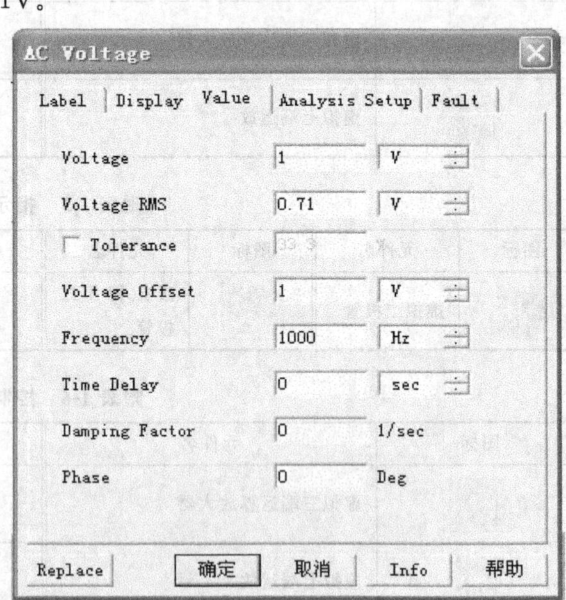

附图 1-6　调整元件参数

（3）分析和仿真电路

Multisim 接受用图形方式输入的电路，从中提取出分析电路所需要的元件参数和元件连接关系，自动建立电路方程。软件对电路分析的结果以两种形式显示：一是将指定分析项目计算完成的结果变量以数值和曲线的方式给出，例如节点电压、元件电流、响应曲线等，在软件中称为分析（Analysis）；另外一种形式是不断进行多次选定的分析计算，将计算结果实时显示在电路中连接的虚拟仪器上，软件中称为仿真（Simulation）。

为了仿真电路，首先在电路中连接适当的仪器。在主菜单栏单击“View”，显示“Toolbars”，选择“Instruments”，则显示仪器工具栏，如附图 1-4 所示。如果要测量附图 1-5 电路中 R2 电阻两端交流电压，可以在仪器工具栏中选择“”图标，在电路区中单击放置一个数字万用表；然后，用导线将数字万用表图形的连接端与 R2 的两个端点相连，如附图 1-7 所示。双击数字万用表接线图标，打开其面板，在面板上选定电压测量和交流挡，此时电压测量仿真已经准备好。按下主窗口右上角的仿真开关，电路仿真开始，电压显示在数字万用表上，如附图 1-7 所示。设定万用表为直流挡，也可以测量出 R2 上的直流电压。

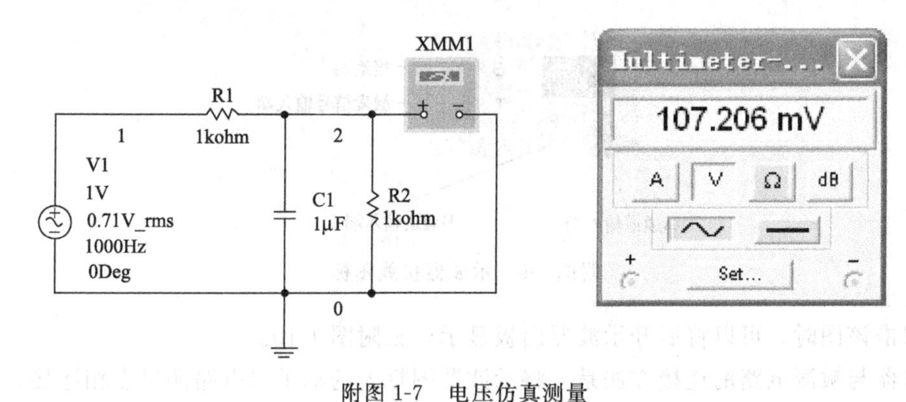

附图 1-7　电压仿真测量

附录 1.4　虚拟仪器的使用

本课程中要用到的虚拟仪器为五种模拟测量仪器，它们在仪器工具栏中的图标及对应的仪器名如附表 1-7 所示。

附表 1-7　虚拟仪器

图标	仪器名	图标	仪器名	图标	仪器名
	数字万用表		函数信号发生器		功率表
	示波器		波特图仪		

（1）数字万用表（Multimeter）

数字万用表的量程可以自动调整，附图 1-8 是其接线图标和面板。

数字万用表的更多参数，包括电压和电流挡的内阻、电阻挡的电流和分贝挡的标准电压

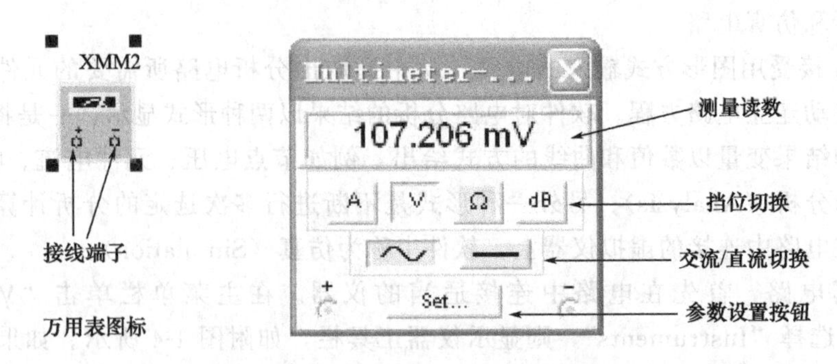

附图 1-8　万用表图标及打开的面板

值，都可以任意设置。从打开的面板上选“Setting”按钮，即可以设置这些参数。

(2) 示波器 (Oscilloscope)

示波器为双踪式，其接线图标如附图 1-9 所示。

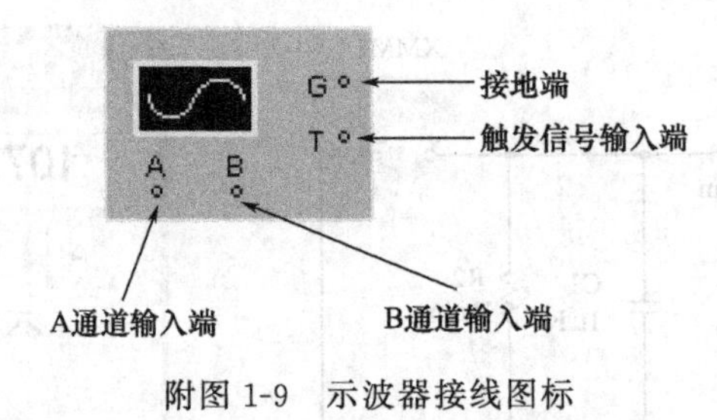

附图 1-9　示波器接线图标

当双击该图时，可以将展开示波器面板显示，见附图 1-10。

示波器与被测电路的连接方法是：将示波器图标上的端子与电路测量点相连接，其中 A 和 B 为通道号，G 是接地端，T 是外触发端。一般可以不画接地线，其默认是接地的，但电路中一定需要接地。示波器的设置包括以下几个方面。

1) Timebase 区　用于设置 X 轴方向时间基线扫描时间。

① Scale：选择 X 轴方向刻度代表的时间。单击该栏后将出现刻度翻转列表，根据所测试信号频率的高低，上下翻转选择适当的值。

② X position：表示 X 轴方向时基线的起始位置，修改其设置可使时间基线左右移动。

③ Y/T：表示 Y 轴方向显示 A、B 通道的输入信号，X 轴方向显示时间基线，并按设置时间进行扫描。当显示随时间变化的信号波形（例如三角形、方波及正弦波等）时，常采用此种方式。

④ B/A：表示 A 通道信号为 X 轴扫描信号，B 通道信号施加在 Y 轴上。

⑤ A/B：与 B/A　相反。

以上两种方式可用于观察李沙育图形。

⑥ ADD：表示 Y 轴方向显示 A、B 通道的输入信号之和。

2) Channel A 和 Channel B 区　用于设置 Y 轴方向 A 通道、B 通道输入信号的标度。

① Scale：表示 Y 轴方向对通道输入而言每格表示的电压值。单击该栏将出现刻度翻转列表，根据所测试电压的大小，选择适当的值。

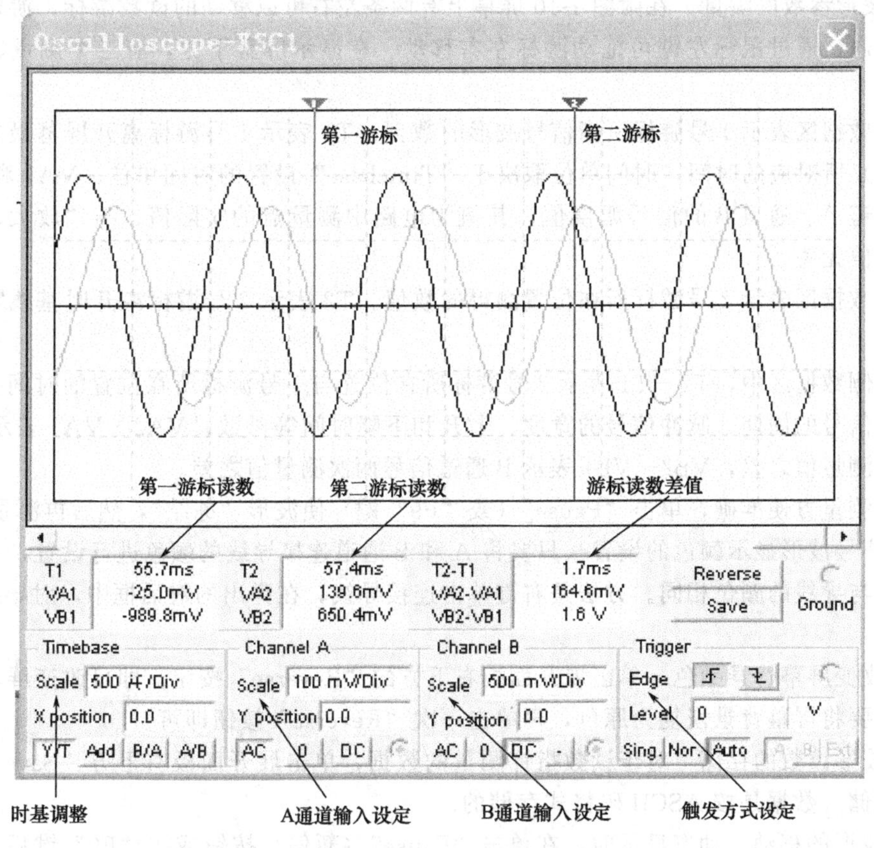

附图 1-10　示波器面板

② Y position：表示时间基线在显示屏幕中的上下位置。当其值大于零时，时间基线在屏幕中线上侧，反之在下侧。

③ AC：表示屏幕仅显示输入信号中的交变分量（相当于实际电路中加入了隔直电容）。

④ DC：表示屏幕将信号的交直流分量全部显示。

⑤ 0：表示将输入信号对地短路。

3）Trigger 区　示波器触发方式设置。

① Edge：表示将输入信号的上升沿或下跳沿作为触发信号。

② Level：用于设置触发电平。

③ Sing：选择单脉冲触发。

④ Nor：选择一般脉冲触发。

⑤ Auto：表示触发信号不依赖外部信号；一般情况下选择这种方式。

选择 A 或 B，表示 A 通道或 B 通道的输入信号作为同步调轴时基扫描的触发信号；选择 Ext，是指用示波器图标上触发端子连接的信号作为触发信号来同步调轴时基扫描。

4）示波器输入通道设置　示波器有两个完全相同的输入通道 A 和 B，可以同时观察测量两个信号。面板图中“××V/ Div”为放大、衰减开关（或“××mV/ Div”、“××μV/ Div”），表示在屏幕的 Y 轴方向上每刻度相应的电压值；“Y Position”表示时间基线在显示屏幕中的上下位置。

5）波形参数的测量　在附图 1-10 屏幕上有两条左右可以移动的读数游标，游标上方有三角形标志，通过鼠标左键可拖动游标左右移动。在显示屏幕下方，有三个测量数据的显示区。

左侧数据区表示 1 号游标所指信号波形的数据。T1 表示 1 号游标离开屏幕最左端（时基线零点）所对应的时间，时间单位取决于“Timebase”设置的时间单位；VA1 和 VB1 分别表示通道 A、通道 B 的信号幅度值，其值为电路中测量点的实际值，与“放大、衰减开关”设置值无关。

中间数据区表示 2 号游标所在位置测得的数值。T2 表示 2 号游标离开时基线零点的时间值。

在右侧数据区中，T2－T1 表示 2 号游标所在位置与 1 号游标所在位置的时间差值，可用来测量信号的周期、脉冲信号的宽度、上升和下降时间等参数；VA2－VA1 表示 A 通道信号两次测量值之差，VB2－VB1 表示 B 通道信号两次测量值之差。

为了测量方便准确，单击“Pause”（或“F9”键）使波形“冻结”，然后再测量。

6）信号波形显示颜色的设置　只要将 A 和 B 通道连接导线的颜色进行设置，显示波形的颜色便与导线的颜色相同。方法是右键单击连接导线，在弹出的对话框中，对导线颜色进行设置。

7）改变屏幕背景颜色　单击展开面板右下方的“Reverse”按钮，即可改变屏幕背景的颜色。如要将屏幕背景恢复为原色，再单击一次“Reverse”按钮即可。

8）波形读数的存储　对于读数指针测量的数据，单击展开面板右下方“Save”按钮即可将其存储。数据是按 ASCII 码格式存储的。

9）波形的移动　动态显示时，在单击“Pause”（暂停）按钮或按“F9”键后，均可通过改变“X position”设置来左右移动波形；利用鼠标器拖动显示屏幕下沿的滚动条，也可左右移动波形。

（3）函数信号发生器（Function Generator）

函数信号发生器用来产生正弦波、三角波和方波，其图标和面板如附图 1-11 所示。

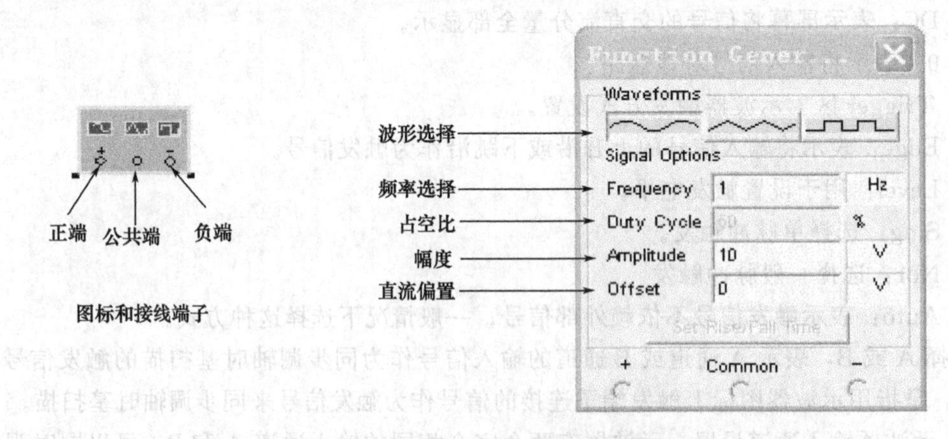

附图 1-11　函数信号发生器接线和面板

函数信号发生器能够产生 0.1Hz～999MHz 的三种信号，信号幅度可以在毫伏级至 999kV 之间设置。对三角波、方波，可以设置其占空比（Duty cycle）大小，设定范围为

0.1%～99%。偏置电压设置（Offset），是指把正弦波、三角波、方波叠加在设置的直流偏置电压上输出。

函数信号发生器的“+”端子与Common端子（公共端）输出的信号为正极性信号（必须把Common端子与公共地Ground符号连接），而“－”端子与Common端子之间输出负极性信号。两个信号极性相反，幅度相等。

使用该仪器时，信号既可以从“+”或“－”端子与Common端子之间输出，也可以从“+”、“－”端子之间输出。需注意的是，必须有一个端子与公共地相连接。

在仿真过程中，如要改变输出波形类型、大小、占空比或偏置电压，必须暂时关闭电子工作台电源开关。在对上述内容改变后，重新启动一次“启动/停止”开关，函数信号发生器才能按新设置的数据输出信号波形。

(4) 功率计（Wattmeter）

功率计又称瓦特表，用来测量电路的平均功率，其接线图和显示面板如附图1-12所示。注意，在接线时要同时测量元件或电路的电压和电流。功率计在测量功率时同时测量电压与电流的相位差，给出功率因数值。

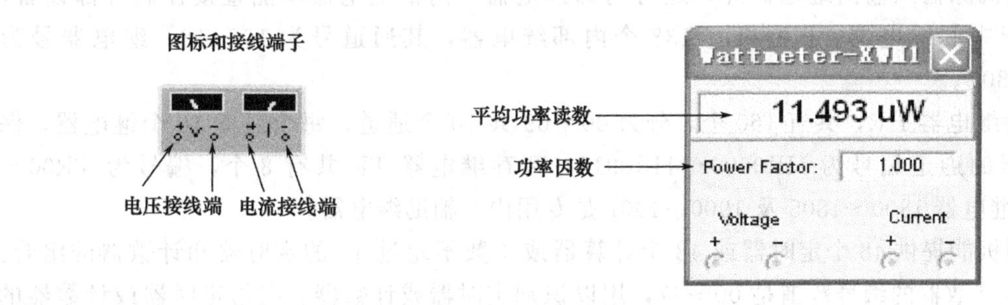

附图1-12 功率计接线图标和面板

附录2 可编程控制器（PLC）简介

(1) OMRON C 系列 P 型机的通道分配

OMRON C 系列 P 型机主机有 C20P、C28P、C40P 及 C60P 等多种机型。C28P 主机输入点为 16，输出点为 12。P 型机的 I/O 是开关型的，其信号只有简单的开、关两种状态。

OMRON C 系列 P 型机使用通道的概念给每个继电器编号，其编号用四位十进制数来表示，前两位表示通道号，后两位表示该通道的第几个继电器。每个通道有 16 个继电器，编号为 00～15。例如“0000”表示第 00 通道内的第 1 个继电器；“0410”表示第 04 通道内的第 11 个继电器。

P 型机的通道分配是固定的，00～04 通道是输入通道，05～09 通道是输出通道。C28P 主机的输入为 16 点，是 00 通道的 0000～0015，输出点为 12 个，是 05 通道的 0500～0511。

P 型机除输入输出继电器外，还有内部继电器。内部继电器不能直接控制外部设备，它相当于中间继电器。P 型机有 138 个内部继电器，其通道号为 10～18，继电器号为 1000～1807。

保持继电器 HR，共有 160 个，分为 00～09 共 10 个通道，每个通道 16 个继电器，保持继电器的通道编号为 HR0000～HR0915。暂存继电器 TR 共有 8 个，编号为 TR00～TR07。继电器 1800～1805 及 1900～1907 是专用内部辅助继电器。

P 型机能提供 48 个定时器或 48 个计算器或总数不超过 48 的定时器和计数器的组合。定时器或计数器的编号范围是 00～47，用以识别定时器或计数器。在给定时器或计数器的编号时，应注意不能给定时器和计数器相同的编号。

(2) OMRON C 系列 P 型 PLC 常用编程器

OMRON C 系列 P 型 PLC 最常用的编程器，只有助记符程序才能进入到 PLC 的存储器中。

编程器的外形如附图 2-1 所示。

编程器主要有以下几部分组成。

1) 液晶显示屏　主要用来显示编程器工作方式、器件操作状态、指令地址及指令代码等。它只能显示助记符代码，不能直接显示梯形图。

2) 工作方式开关

通过工作方式开关可以选择 PLC 的工作方式：RUN、MONITOR、PROGRAM。RUN 方式时 PLC 运行内存中程序；MONITOR 方式可直接监视操作的执行情况；PROGRAM 方式是 PLC 的编程方式。

3) 键盘　编程器的键盘功能可分为四个部分。

① 10 个数字键。10 个数字键 0～9，用来输入程序地址、定时值、计数值及其他类型的数字。与 SHIFT 键配合使用还可以输入十六进制数 A、B、C、D、E、F。

② 清除键。CLR 键用于清除。

③ 编辑键。↑键：每按一次向上的指针键，程序将减一，直到减到程序的起始地址。

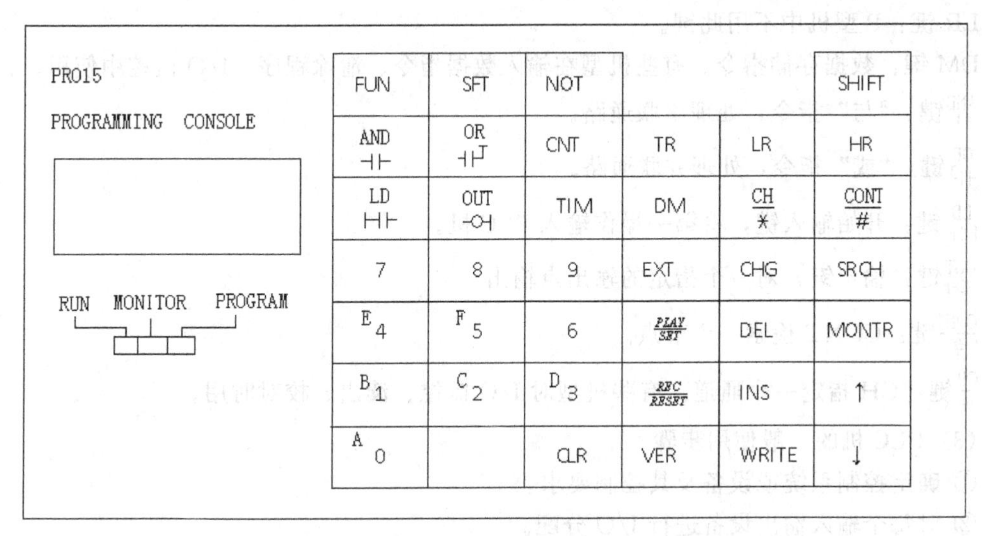

附图 2-1　编程器外形

液晶显示屏上也相应显示出这条指令的情况。

↓键：按向下的指示键，程序将一次一步的增一，每按一次键，显示的程序地址加一。

WRITE 键：编程过程中，写好一个指令及其数据后用 WRITE 键将该指令送到 PC 内存的指定地址上。

$\frac{PLAY}{SET}$键：运行调整键。如改变继电器的状态，由 OFF 变成 ON，或清除程序等均用此键。

$\frac{REC}{RESET}$键：再调、复位键。如改变继电器的状态，由 ON 变成 OFF，或清除程序等均用此键。

MONTR 键：监视键，用于监控、准备、清除程序等。

INS 键：插入键，插入程序时使用。

DEL 键：删除键，删除程序时使用。

SRCH 键：检索键，在检索指定指令、继电器接点时使用。

CHG 键：变换键，改变定时或计数时使用。

VER 键：检验接收键，检验磁带等外来的程序使用。

EXT 键：外引键，启用磁带等外来程序时使用。

④ 指令键，SHIFT 键：移位，扩展功能键。用它可形成某键的第二功能。

FUN 键：用于键入某些特殊指令，这些指令是靠按下 FUN 键与适当的数值实现的。

SFT 键：移位键，可送入移位寄存指令。

NOT 键："反"指令，形成相反接点的状态或清除程序时使用。

CNT 键：计数键，CNT 输入计数器指令，其后必须有计数器的数据。

TIM 键：计时键，TIM 输入定时器指令，其后必须有定时器的数据。

TR 键：输入暂存继电器指令。

HR 键：输入保持继电器指令。

LR 键：P 型机中不用此键。

DM 键：数据存储指令。有些机型在输入数据指令、清除程序、I/O 监控中使用。

AND ┤├ 键：“与”指令，处理串联通路。

OR ┤├ 键：“或”指令，处理并联通路。

LD ┤├ 键：开始输入键，将第一操作输入 PLC 机。

OUT -○┤ 键：输出键，对一个指定的输出点输出。

CONT/# 键：CONT 检索一个节点。

CH/* 键：CH 指定一个通道。有些机型对 I/O 监控、读出、校对时用。

(3) PLC 机的一般使用步骤

① 确定控制系统或设备及其控制要求。

② 对每个输入输出设备进行 I/O 分配。

③ 编写用户程序。

④ 将写好的用户程序利用编程器送入 PLC 机的内存，同时将现场 I/O 装置与 PLC 连接好。

⑤ 编辑、调试程序。

⑥ 运行程序。

附录 3　THD-1 型数字电路实验箱使用说明

THD-1 型数字电路实验箱是根据目前我国“数字电子技术”教学大纲的要求，为了配合大专院校、中等专业学校和电视大学学生学习有关“数字电路基础”等课程而制作的新一代实验装置，它包含了全部数字电路的基本教学实验内容及有关课程设计的内容。

本实验装置主要是由一大块单面印刷线路板制成，板上设有可靠的各集成块插座及镀银长紫铜针管插座等几百个元器件，实验连接线采用高可靠、高性能的自锁紧插件，板上还装有信号源、直流电源、逻辑笔以及控制、显示等部件，故此实验箱具有实验功能强、全，资源丰富，使用灵活，接线可靠，操作快捷，维护简单等优点。整个实验功能板放置并固定在体积为 0.46m×0.36m×0.14m 的铁制喷塑保护箱内，净重 7kg，如附图 3-1 所示。

附图 3-1　THD-1 型数字电路实验箱

（1）组成和使用

1）实验箱的供电　实验箱的后方设有带保险丝管（0.5A）的 220V 单相电源三芯插座（配有三芯插头电源线一根）。箱内设有两只降压变压器，供四路直流稳压电源之用。

2）一块大型（435mm×325mm）单面敷铜印制线路板。正面丝印有清晰的各部件、元器件的图形、线条和字符，反面则是其相应的印制线路板图。该板上包含着以下各部分的内容。

① 电源总开关（POWER ON/OFF）一只。

② 高性能双列直插式圆脚集成电路插座 17 只（其中 40P1 只，28P1 只，24P1 只，20P1 只，18P2 只，16P5 只，14P4 只，8P2 只）。

③ 435 个高可靠的锁紧式、防转、叠插式插座。它们与集成电路插座、镀银针管座以及其他固定器件、线路等已在印制面连接好。正面板上有黑线条连接的地方，表示内部（反面）已接好。

这类插件，其插头与插座的导电接触面很大，接触电阻极其微小（接触电阻≤0.003Ω，使用寿命>10000 次以上），在插入时略加旋转后，即可获得极大的轴向锁紧力，拔出时，只要反方向略加旋转即可轻松地拔出，无需任何工具便可快捷插拔，而且插头与插头之间可以叠插，从而可形成一个立体布线空间，使用极为方便。

④ 230 多根镀银长（15mm）紫铜针管插座，供实验时接插电位器、电阻、电容等分立元件之用（它们与相应的锁紧插座已在印制面连通）。

⑤ 4 组 BCD 码二进制七段泽码器 CD4511 与相应的共阴 LED 数码显示管（它们在反面）已连接好。只要接通＋5V 直流电源，并在每一位译码器的四个输入端 A、B、C、D 处加入四位 0000～1001 之间的代码，数码管即显示出 0～9 的十进制数字。

⑥ 4 位 BCD 码十进制码拨码开关组

每一位的显示窗指示出 0～9 中的一个十进制数字，在 A、B、C、D 四个输出插口处输出相对应的 BCD 码。每按动一次“＋”或“－”键，将顺序地进行加 1 计数或减 1 计数。

若将某位拨码开关的输出 A、B、C、D 连接在⑤的一位译码显示的输入端口 A、B、C、D 处，当接通＋5V 电源时，数码管将点亮显示出与拨码开关所指示的一致的数字。

⑦ 十五个逻辑开关及相应的开关电平输出插口，板面英文为 15-Logic Switch and output of Switch level，在连通＋5V 电源后，当开关向上拨，指向“H”，则输出口呈现高电平，相应的 LED 发光二极管点亮；当开关向下拨，指向“L”则输出口呈现低电平，相应的 LED 发光二极管熄灭。

⑧ 十五个 LED 发光二极显示器及其电平输入插口，板面英文为 15-Input of Logic level and display，在连通＋5V 电源后，当输入口接高电平时，所对应的 LED 发光二极管点亮，输入口接低电平时，则熄灭。

⑨ 脉冲信号源，板面英文为 Pulse Source，在连通＋5V 电源后，在输出口（Pulse Output）、输出连续的幅度为 3.5V 的方波脉冲信号。其输出频率由调节频率范围波段开关（Fre. Rang）的位置（1Hz，1kHz，20kHz）决定，并通过频率细调（Fre. Adj.）多圈电位器对输出频率进行细调，并有 LED 发光二极管指示有否脉冲信号输出，当频率范围开关（Fre. Rang）置于 1Hz 挡时，LED 发光指示灯应按 1Hz 左右的频率闪亮。

⑩ 单次脉冲源，板面英文为 Single Pulse，在连通＋5V 电源后，每按一次单次脉冲按键，在输出口“⊔”和“⊓”（Pulse Output）分别送出一个负、正单次脉冲信号，并有 LED 发光二极管 L 和 H 用以指示。

⑪ 三态逻辑笔，板面英文为 Logic Pen，将逻辑笔的电源 V_{CC} 接通＋5V 电源，将被测的逻辑电平信号通过连接线插在输入口（Input），三个 LED 发光二极管即告知被测信号的逻辑电平的高低。“H”亮表示为高电平（>2.4V），“L”亮表示为低电平（<0.6V），“R”亮表示为高阻态或电平处于 0.6V～2.4V 之间的不高不低的电平位。

注意：这里的参考地电平为“上”，故不适于测－5V 和－15V 电平。

⑫ 直流稳压电源，板面英文为 DC Source，提供±5V、0.5A 和±15V、0.5A 四路直流稳压电源，有相应的电源输出插座及相应的 LED 发光二极管指示。四路输出均装有熔断器作短路保护之用。只要开启电源分开关 ON / OFF，就有相应的±5V 或±15V 输出。

⑬ 其他 设有实验用的蜂鸣器（BUZZ）一只，继电器（Relay）一只，100kΩ 精密电位器（多圈）一只，32768Hz 晶振一只，按键两只，并附有充足的实验连接导线一套。

(2) 使用注意事项

① 使用前应先检查各电源是否正常，检查步骤如下。

a. 先关闭实验箱的所有电源开关（置 OFF 端），然后用随箱的三芯电源线接通实验箱的 220V 交流电源。

b. 开启实验箱上的电源总开关 Power（置 OFF 端）。

c. 开启两组直流电源开关 DC Sourse（置 ON 端），则与 ±5V 和 ±15V 相对应的四只 LED 发光二极管应点亮。

d. 接通脉冲信号源 Pulse Source 的 +5V 电源连线，此时，与连续脉冲信号输出口（Pulse Output）相接的 LED 发光二极管点亮，并输出连续方波脉冲信号。

单次脉冲源部分的“L”发光二极管应点亮。按下按键，则“L”灭，“H”亮。至此，表明实验箱的电源及信号输出均属正常，可以进入实验。

② 接线前务必熟悉实验大块板上各组件、元器件的功能及其接线位置，特别要熟知各集成块插脚引线的排列方式及接线位置。

③ 实验接线前必须先断开总电源与各分电源开关，严禁带电接线。

④ 接线完毕，检查无误后，再插入相应的集成电路芯片后方可通电，只有在断电后方可拔下集成芯片，严禁带电拔插集成芯片。

⑤ 实验始终，板上要保持整洁，不可随意放置杂物，特别是导电的工具和导线等。以免发生短路等故障。

⑥ 本实验箱上的各挡直流电源及脉冲信号源设计时仅供实验使用，一般不外接其他负载或电路。如作他用，则要注意使所的负载不能超出本电源的使用范围。

⑦ 实验板上标有 +5V 和 $+V_{CC}$ 处，是指实验时需用导线将 +5V 的直流电源引入该处，是电线 +5V 的输入插口。

⑧ 实验完毕，及时关闭各电源开关（置 OFF 端），并及时清理实验板面，整理好连接导我并放置规定的位置。

⑨ 实验时需用到外部交流供电的仪器，如示波器等，这些仪器的外壳应妥为接地。

参考文献

[1] 陈同占．电路基础实验．北京：清华大学出版社，北京交通大学出版社，2003.
[2] 戴伏生．基础电子电路设计与实践．北京：国防工业出版社，2002.
[3] 秦曾煌．电工学．第5版．北京：高等教育出版社，1999.
[4] 张民．电路基础实验教程．济南：山东大学出版社，2005.
[5] 孙桂瑛，齐风艳．电路实验．哈尔滨：哈尔滨工业大学出版社，2002.
[6] 杨育霞，章玉政，胡玉霞．电路试验——操作与仿真．郑州：郑州大学出版社，2003.
[7] 王廷才，赵德申．电工电子技术EDA仿真实验．北京：机械工业出版社，2003.
[8] 汪健．电路实验．武汉：华中科技大学出版社，2003.
[9] 钱克猷，姜维澄．电路实验技术基础．杭州：浙江大学出版社，2001.
[10] 赵会军，王和平．电工与电子技术实验．北京：机械工业出版社，2002.
[11] 杨建昌，基础电路实验．北京：国防工业出版社，2002.
[12] 吴新开，于立言．电工电子实验教程．北京：人民邮电出版社，2002.
[13] 韩广洪．常用仪表的使用方法．北京：电子工业出版社，2002.